感動する！ 数学

桜井　進

PHP文庫

○本表紙図柄＝ロゼッタ・ストーン（大英博物館蔵）
○本表紙デザイン＋紋章＝上田晃郷

はじめに

気づけば今日も計算をつづけています。いつから計算することがこんなに好きになったのでしょうか。

九九を祖父と一緒に覚えたのが小学二年生。

小学五年生のとき、ラジオ少年だった私は、自分で計算をして電子回路を設計していました。

アインシュタインの理論を知り、その方程式のエレガントさに感動したのが十二歳。

次第に受験勉強の中にある数学の比重が大きくなっていく中、学校の勉強をそっちのけで専門書の数学や物理と遊んでいた高校時代。

大学受験に失敗して、孤独に受験数学と格闘していた浪人時代。

アインシュタインに憧《あこが》れて、宇宙の根源を探る数学を目指した大学時代。

アルバイトで始めた塾講師。浪人時代に培《つちか》った受験数学のノウハウを得意気に高校生の前で示してみせました。

思えばずっと計算をしつづけている自分がいます。

数学ってどこから来たのだろう?

人はなぜ数学をするのだろう?

今、全国各地を旅し、語りつづけています。計算は旅です。あたかもイコールはレールのごとく、私を見知らぬ地に運んでくれます。自らの頭と手を使い、計算すなわち旅をします。数学の旅とは内なる旅のことなのでしょう。ミクロの世界にも大宇宙の果てまでも、さらにはこの宇宙を飛び越えたところまで旅人の心を運んでくれるのが数学なのです。

私の目の前に現れてきた風景を多くの人に見てもらいたいと、私は願いました。サイエンス・ナビゲーターと名づけた理由がここにあります。

これまで私が見て感じた感動の景色を紹介するのが本書です。数学という言葉で科学を語るとき、理屈を教える授業ではなくなります。私が見た風景を一緒に見てみませんか、と旅に誘《いざな》う、道先案内人になるのです。

数学はロマンと感動を求める旅です。
数学のロマン、それは神秘、無限、永遠。
私と数学のロマンを求める感動の旅をご一緒しましょう。

桜井　進

感動する！ 数学

目次

第2章■■数学とは「芸術」だ！

第3章 ■ ■ 数学とは「ドラマ」だ！

第4章■■数学とは「宇宙」だ！

第5章■■数学とは「夢」だ！

本文イラスト　坂木浩子
写真協力　共同通信社

第1章
数学とは「発見」だ！

数学シアター
第1幕　第1場

一癖も二癖もある数式

「え？　最初から数式？」なんて思わないでください。
これが一癖も二癖もある数式なのです。

> ① $(x-a)(x-b)=x^2-ax-bx+ab$
> ② $(x-a)(x-b)(x-c)\cdots\cdots(x-y)(x-z)=?$

①のような展開式は中学で習いますね。
では②のようにa、bのところにzまでのアルファベット26文字全部を入れた、なが～い掛け算を展開すると、どうなるでしょうか？

一つ一つ掛けていく原始的なやり方でも、もちろん正解は得られますが、その前にこの26項をよく眺めてください。
すると、いちいち掛け算をする前に稲妻のごとく、あることにひらめくはずですよ！

舞台裏

さて、いかがでしたか?

そうです。aからzまでを考えるうちに、(x−y)の1つ前、(x−x)を考えれば、答えは瞬時に出てしまうのです。

$$(x-x)=0$$

(x−x)は当然0(ゼロ)。

つまり、0の入った掛け算は全体が0になります。

したがって答えは0ということが、あっというまの発見でわかるというわけです。

最初は、面倒だなあ、26個もあるなんて、何か楽な方法はないかな? と考えてみるところから、解決への「発見」がもたらされるのです。

オマケの応用例として、かつては「プロ野球巨人軍の背番号を全部掛けたらいくつになるか」というのがあったんですが……。川相選手が0でしたよね。

答え　0(ゼロ)

数学の感動は「発見」から！

世の中にはさまざまな感動がありますが、歴史的に名を残す偉大な発明・発見が私たちに与えてくれる感動は、その最たるものでしょう。

人間の社会や生活を大きく変え、時には産業革命のような大きな時代の転換にまで手を貸した発明はたくさんあります。エジソンの数々の発明、ジェームス・ワットの蒸気機関の発明、ライト兄弟の飛行機の発明などは、まさに人間の新しい時代そのものを作ってきました。

それらに比べると、数学上の大きな業績といっても、大きな「発明」のように、そのおかげで社会の仕組みが変わったり、すぐおいしいものが食べられたり、早く目的地に着けたりというような、実利・実用的なプラスにはつながりません。

新しいものを作り出すというよりは、すでにもともと数学の世界（数や形の世界）に存在していた法則やルールのようなものを見つけ出す、つまり「発見」こそが数学の役割なのです。

有名な「ピタゴラスの定理」（三平方の定理。直角三角形の斜辺の2乗は、直角を挟む2辺の2乗の和に等しい）にしても、ピタゴラスがこの定理を発明したのではなく、数学世界の真理として存在していたものを、見つけ出したのです。

その意味では、数学の業績というものは、謙虚なものです。すでに数学世界を支配していた法則を発見するのですから、その発見は人類共有の財産であり、独《ひと》り占《じ》めする性質のものではありません。

法則の発見者は、称《たた》えられ尊敬はされますが、自分の発見を独り占めすることはできません。またそれだからこそ、人より一秒でも早く、その真理にたどり着いた喜びは大きく、その感動はたとえようのないものになるのです。

■■■ 数学の発見はユニバーサル・アート

あるいは、「発明」とはすこし違いますが、すぐれた芸術作品の「創造」も、私たちに大きな感動を与え、人類の財産になっています。

偉大な美術や作曲、演奏や演劇のような、世界に二つとない独自の世界を繰り広げる「創造」は、「発明」における「特許」にも通じる独自の価値を持ちます。

そのため、一点数億円といった高値の美術品や、ワンステージ何百万円という演奏家も珍しくありません。

これらに比べると、数学はいかに偉大な発見でも、あまりお金にはならないのです。

数学者で、億万長者になった人を知っていますか？　私の知るかぎり、そんな人は一人もいません。

だとしたら、数学者が「発見」したものとは、どんな価値評価がされるのか。

たとえば、先ほどあげた「ピタゴラスの定理」は、それが発見された時代から現在にいたるまで色あせず、朽《く》ちることなく、流行にも関係なく存在しています。

それを誰が使おうと、誰も文句は言いませんし、使用料を取られるということもありません。

それは言ってみれば、誰もが自由に手に取り、自由に使うことのできる特殊な芸術作品のような存在なのです。ゴッホの絵のように、高い値段で落札され、大切に保管され、人々が遠くから観て崇《あが》めるようなものとは、根本的に違う種類の芸術作品です。

そういう意味では、数学の発見とは「ユニバーサル・アート」なのです。

発明品には「特許」がかけられますが、物理法則と数学の公式には、特許法によって「特許」をかけてはいけないことになっています。このことを知っている人は、意外に少ないかもしれません。

なぜ特許がかけられないかというと、物理法則や、数学の定理・公式というのは、人類の不変の共有財産であるからです。特許法は、国によっては変わる可能性がありますが、物理法則や数学の定理・公式については、世界共通の特許法の基本概念で、おそらくこれだけは変わらないといわれています。

たとえば、ニュートンの「運動の法則」(第二法則)、F=ma(力=質量×加速度)に特許をかければ、その特許権の保有者に無断でＦ＝maを使った者は、すべて処罰されるということになってしまいます。

しかし、世の中の現象の多くはこの法則によって起こっているわけで、この現象を説明するたびに特許料をカウントするなど不可能です。

カウントするのが不可能であるほど普遍的なものということで、繰り返しになりますが、数学の公式や物理の公式はあくまでも「発見」であって「創造」ではないのです。不思議に思われるかもしれませんが、それらは元から在《あ》るもの、なのです。

あえて言うならば、それを創ったのは数学の女神であって、それを発掘する作業をするのが数学者の仕事なのです。ですから数学者が、その発見を独り占めすることは決してありません。

特許料で億万長者になることもないし、トリッキーなことをして人から搾取《さくしゅ》するということもありません。

■■■ 数学にノーベル賞がない理由

ちなみに、多額の賞金が出るノーベル賞には数学の分野がありません。

これはノーベル賞の創始者アルフレッド・ノーベルが、かつて自分の好きな女性をほかの数学者に奪われてしまった経験があり、そのことを根に持って数学賞を設《もう》けなかったという嘘のような逸話《いつわ》が残っています。

数学ではノーベル賞に匹敵《ひってき》するものとしてフィールズ賞があります。この賞は四十歳以下の数学者にだけ与えられます、つまりフィールズ賞は、権威やパワーバランスに対してではなく、あくまでもそのときの業績に対してのみ与えられる、という確固たる意思の表れだといえます。

こうして、この数学の世界で数学者は、真っ正直に生きて、日々、世俗の財産や財宝とは無縁でも、女神様が創った真理というダイヤモンドを「発見」することに喜びを感じているのです。

ですから読者の皆さんの感動も、そういう意味では一円の得にもならないかもしれませんが、むしろ、そんな損得を超越した、純粋な大きな喜びが得られることこそ、数学のありがたさ、すばらしさ、感動なのです。

数学シアター

第1幕　第2場

一瞬でわかる1999個の足し算

1から1ずつ増えていく数の足し算です。

例 1+2+3+4+5+6+7+8=36

では、①〜⑤までの足し算の答えは何でしょうか？

①1+2+3+4+5+……+10=?
②1+2+3+4+5+……+26=?
③1+2+3+4+5+……+57=?
④1+2+3+4+5+……+100=?
⑤1+2+3+4+5+……+1999=?

①はともかくとして、②③④⑤と、普通のやり方だと、答えを出すまでにとても時間がかかるようになります。
ところが、ある発見をすることで、桁数がどれだけ増えようと、瞬時にといっていいほどの短時間で、正しい答えにたどり着くことができるのです。

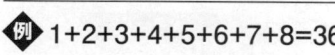

舞台裏

じつはこれと同種の問題を、天才的数学者ガウスが10歳のとき、すらすら解いて先生をびっくりさせたというエピソードがあり、本文38ページでも詳しく紹介しています。

---

① 1+2+3+4+5+6+7+8+9+10

(1+10＝11、2+9＝11、3+8＝11、4+7＝11、5+6＝11)

11×5=55

③ 1+2+3+…………54+55+56+57

(1+57＝57の組、2+56＝57、3+55＝57…)

57×29=1653　または　58×28.5=1653

⑤ 1+2+3+…………1997+1998+1999(+2000)

(1+2000＝2001、2+1999＝2001、3+1998＝2001…)

2001×1000−2000=1999000

または

2000×999.5=1999000

ガウス少年の見せた鮮やかな解法とは、上のとおり。数列の両端を順に足していくと同じ数になることを発見し、それに数列の半分の数を掛ければ、一瞬で答えが出ることがわかったのです。

答え　①55　②351　③1653　④5050　⑤1999000

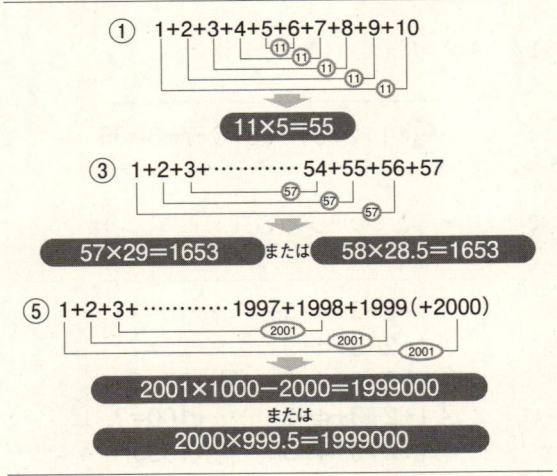

日本人の「ゼロ」と「零《れい》」の使い分け

0を発見したのはインド人です。かつて、0という概念はヨーロッパにはありませんでした。何もない、無、"empty"ということを表すという発想は、西洋思想のもとでは生まれなかったのです。

数字は、歴史的にいえば、まず1、2、3というプラスの数が最初に発見され、その後マイナスの数が発見されました。それからようやく0が発見されます。

ギリシャ時代にはピタゴラスなどが登場して、数学が発展しましたが、まだ0は出てきません。0という数字は東洋の哲学的な深さなしでは発見されなかったでしょう。

インド人は、インドで0が発見されたことをとても誇りにしていますが、それも当然です。それほどの大発見なのです。

インド人の数学教育は今でも徹底しています。中学三年生までに指数、対数、三角関数の微分、積分まで全部やってしまいます。完全なスパルタ教育、エリート教育です。それに耐えて残る秀才が、インド工科大学というインド最高峰の理系大学に進学します。そこを卒業した学生はアメリカに留学し、そこでさらに研鑽《けんさん》を積んで、シリコンバレーなどで大活躍しています。

日本は一、二、三(ひ、ふ、み)と数えていくことから、昔は「0」という概念はなかったと考えられます。

たとえば建物は、日本では地上と同じ高さの階は「1階」になります。そこから2階、3階と表示していきますが、ヨーロッパでは日本の1階は「グランドフロア」(0階)などと呼び、日本の2階がヨーロッパでは1階になります。つまり、ヨーロッパは0からスタートしているのです。日本では地上1階、2階、地下1階、2階となっていて、0が抜けています。

しかし、日本人が昔から使っていたそろばんにはちゃんと0がありますし、日本は漢数字でも十進表記をする稀《まれ》な国です。フランスなどは「80」という数字を「20×4」というような二十進法の表現を使うので、表示がややこしくなります。昔から十進法を用いている日本は、数学的センスのレベルはかなり高かったといえます。

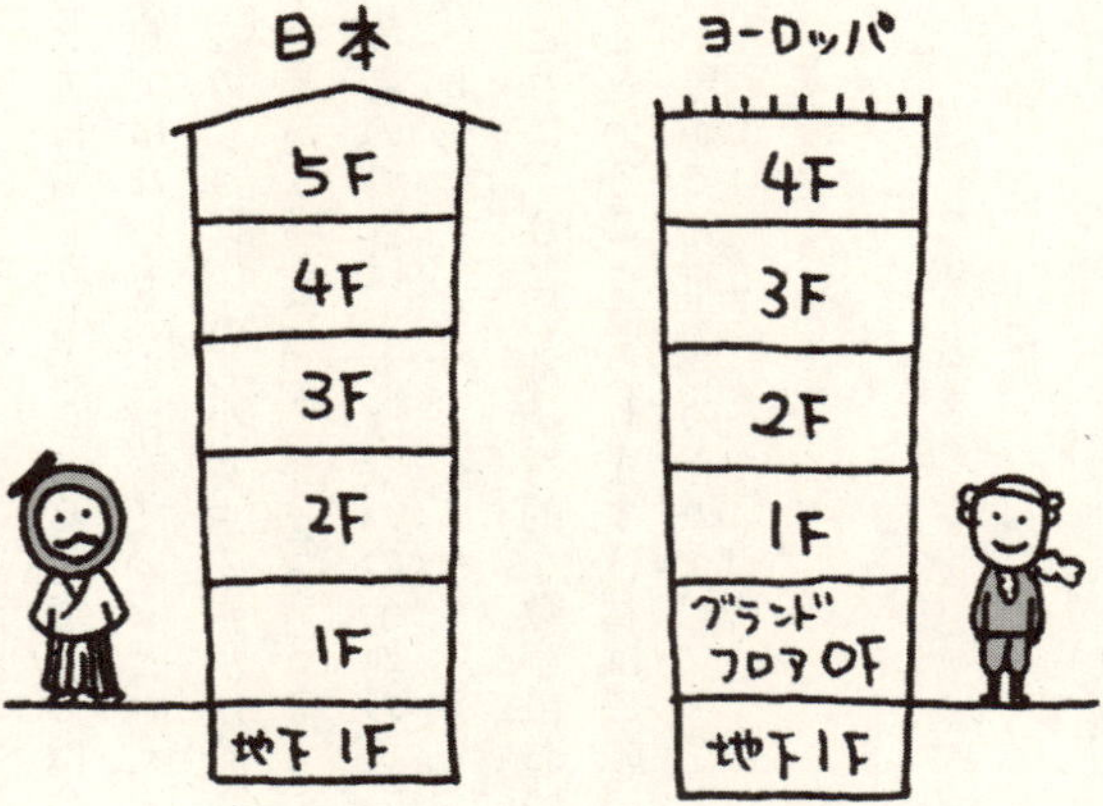

■■■　テストは零点、死者数はゼロ

ところで、日本の「0」の概念について最近気づいたことがあります。日本には「0」を表現するとき、「零（れい）」「ゼロ」の二つの言い方があります。その「れい」と「ゼロ」を、日本人は微妙に使い分けているようなのです。

テレビでニュースキャスターがニュースを読み上げるとき、たとえばテストの点などについて言及するときは「零（れい）点」と言います。また、事故などで死亡者の数を言うときは「死者数ゼロ」と言うのです。

前者の場合、テストの零点といっても、

まったくすべて間違ったというわけではなく、答えは間違ったけれども、それを解く考え方はもしかしたらある時点までは合っていたかもしれないというような、絶対的な無ではないものを言っているといえます。

このように、もし小数点の表示が許されるならば、0・3点ぐらいだったかもしれないという場合、「れい」と読むようです。

後者の場合は、もう疑いの余地のない無、絶対数としての「0」のとき「ゼロ」と読むようです。

これは、0という絶対的な数字においても、曖昧《あいまい》さというか含みを持たせた表現があるということになります。私はこのことを知って、日本人というのは本当に物事を白か黒かで判断するのを嫌う、ファジーさを好む民族なのだとしみじみ思ったのでした。

知られざる「対数発見物語」

あなたは、ネイピアという人を知っていますか？　おそらく知らない人も多いでしょう。ジョン・ネイピア（一五五〇～一六一七）は「対数」の概念を発見した人として名を残したスコットランドの城主です。ここでは、後世に大きな影響を与えた偉大なネイピアの「対数発見物語」についてお話ししたいと思います。

古来、人々は星を仰《あお》ぎ見てきました。星の運行によって時間や場所、いろいろなことを知ろうとしました。

十六世紀、航海術という新たなテクノロジーが編《あ》み出され、大航海時代の幕が開けますが、海難事故はあとを絶たず、多くの命が失われました。

航海を安全なものにするには、船の位置を正確に知る必要があります。そのためには正確な暦《こよみ》が必要でした。天文学者たちは暦作成に苦心し、社会が天文学的な計算に悲鳴をあげていました。コンピューターのなかった時代には掛け算や累乗《るいじょう》というのはとても大変な計算だったのです。

そのころネイピアは、複雑な計算を簡略化するための方法を模索していました。ネイピアはその天文学的な計算に、今でいう「対数」を用いることを考えたのです。そしてここから彼の対数発見への長い旅が始まったのです。

まず、「対数」とはこういうことです。

$$2^3=8$$

これは、2を3乗すると8になるということですが、ここで何乗かを表す3に注目して、2を8にする「指数」は3であるという意味から、

$$3=\log_2 8$$

のように書くことにしたのです。

このようにlogを使った式が「対数」で、ここでは2をこの対数の「底《てい》」、8を「真数《しんすう》」といいます。よく使われるのが10を底にした対数なので、それは特別に「常用対数」と呼んでいます。

ちなみにlogとはLogarithmの略、ギリシャ語のlogos（比）＋arithmos（数字、数）からきています。

かつては、理工学系の設計計算や測量などによく使われていた計算尺《けいさんじゃく》は、logの式に合わせて目盛りを振ったものです。ですから、計算尺の発明に対数の発見は欠かすことができないものでした。

最近でこそ、関数計算が自在にできる電卓が登場し、計算尺はほとんど姿を消してしまいましたが、数学的発見が実用的に役立った大発見として忘れることはできません。

■■■　ネイピアとブリッグスの運命的な出会い

一般的には、ネイピアが対数を発見したのは一六一四年とされています。記録によると、一五九四年に対数の概念に到達し、研究を志《こころざ》したようです。

そのとき、ネイピア四十四歳。数学の専門家でもなく、決して若いとはいえないスコットランド城主のネイピアは、四十四歳で志を立ててから、二十年間の苦闘の末、対数を作り上げたのです。四十四歳から六十四歳まで二十年間という長きにわたって、未知なる旅に出発し、あきらめず努力をつづけ、そして、目的地に到達したネイピアに、私は感動の念を覚えずにはいられません。

そして、一六一四年にネイピアは『驚くべき対数法則の記述』（Mirifici Logarithmorum Canonis Descriptio）を発表しました。

しかし、このいわゆる「ネイピアの対数」は誰もが容易に使えるものではありませんでした。私たちは十進法を用いているので、さらに計算を簡略化するためには10を底とした対数の発見が必要だったのです。

しかし、ここでネイピアの対数の旅が終わったわけではありませんでした。一六一四年にネイピアが書いた論文を読んで感銘《かんめい》を受けた一人の男がいました。その男の名は、ロンドンのグレシャム大学の教授だったヘンリー・ブリッグス。

一六一五年の夏、ブリッグスは遠路はるばるネイピアのもとを訪ねます。ブリッグ

ジョン・ネイピア

（*John Napier 1550～1617*）

Logos（比）
Arithmos（数）
↓
Logarithm（対数）

●●● ネイピアの対数 ●●●

$$y=\log_{0.9999999}\frac{x}{10^7}$$

●●● ネイピアとブリッグスの出会いが生んだ常用対数 ●●●

$$y=\log_{10}x$$

← 1616年に完成！

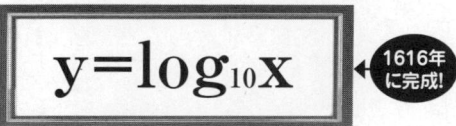

スはひと月ほど滞在し、ネイピアと対数についてさまざまな議論を行ないました。

■■■ そしてオイラーへとつづく「対数の旅」

さらに翌年の一六一六年にも、ブリッグスは再びネイピアのもとを訪れます。そこでさらに、二人は深い議論を交わし、対数の用途についてさまざまな検討を重ねたのです。そこで、生まれたのが「常用対数」です。

$$y=\log_{10} x$$

まさに、ネイピアとブリッグスの二人の力が合わさった努力の結晶といえるでしょう。この「常用対数」はネイピアとブリッグスの二人の出会いから生まれたのです。

そして、さらにその翌年の一六一七年にも、ブリッグスはネイピアに会いにいこうとします。しかし、残念ながらそれは叶《かな》いませんでした。

一六一七年四月四日、ジョン・ネイピアは自分の城で息を引き取りました。まるで、ブリッグスに対数の旅のバトンを手渡して、自分の役目はこれで終わったといっているかのように……。

その知らせを聞いたブリッグスの悲嘆と、ネイピアから受け継いだ対数のバトンを後世に伝えようという決意に、私は思いを馳《は》せずにはいられません。

ブリッグスはその後、一六二四年に、１００００～２００００までと９００００～１０００００までの14桁《けた》の対数表を作成しました。

そしてさらに、ネイピアから始まった対数の旅は受け継がれ、一六二八年、オランダのアドリアン・ブラックが２００００～９００００の対数表を作成しました（ブラックのものは10桁）。

これによって対数表のすべてが完成、ここにきてようやく人々はその恩恵を受けられるようになったのです。

そして、ジョン・ネイピアから始まった対数の旅は、やがてあの名高いオイラー（一七〇七～一七八三）へと受け継がれていくのです。

「対数」と聞いただけで、数学アレルギーを起こしてしまう方も、ネイピアが生きた大航海時代に思いを巡《めぐ》らせてみてください。船の航海に、今では考えられないような面倒な計算を電卓もコンピューターも使わず行なっていた時代、ネイピアという一人の城主が二十年もかけて「対数」という概念を打ちたて、彼の遺志を受け継いだ数学者たちの努力によって、現代があるということを。

無機質で冷たく見られてしまう数学の公式の陰には、こんなにも人間らしいドラマがあるのです。私は、ネイピアのようなすばらしい数学者たちの数学ドラマを、これからも多くの人に伝えていきたいと思っています。

天才ガウス少年の感動解答

数学の本には、偉大な数学者の話がたくさん出てきますが、読者の皆さんにはなじみのない名前が多いかもしれません。でも、ここに登場するガウスの名前は、誰でも一度くらい耳にしたことがあるのではないでしょうか。

磁場の強さを測る単位、Ｇ（ガウス）にも名前が残っているこの数学者が、いかに当時から有名だったかを示すこんなエピソードがあります。

当時のドイツで有名なアマチュア科学者でもあったフンボルト男爵《だんしゃく》が、あらゆる未来予測を瞬時にできる「ラプラスの悪魔」を想定したことで有名な天文学者・数学者であるラプラスに、「誰がドイツ最大の数学者だろうか？」と尋ねました。

すると、ラプラスはしばらく考えたあと、「プファフではないか」と答えます。プファフも当時有名な学者でしたが、男爵は予想を裏切られて、「しかし、ガウスがいるではないか」と文句を言います。すると、ラプラスはこう答えたというのです。

「ガウスはドイツ最大ではありません。世界最大の数学者ですよ」

カール・フリードリヒ・ガウス（一七七七〜一八五五）は、ドイツで生まれた数学者で、近代数学のほとんどの分野に影響を与えたといわれ、数学や磁気学の世界には、ガウスの名がつけられた法則や手法が数多く残されています。

それらの高度な業績もさることながら、ここで私たちにとってうれしいのは、彼の子どものころのエピソードが、この本のテーマである数学の感動に結びつくすばらしい考え方を教えてくれているからです。

■■■ 神童ガウスの天才エピソード

ガウスは平凡な煉瓦《れんが》職人の家に生まれますが、非凡な彼は子どものころから才能を発揮する、いわゆる典型的な神童《しんどう》でした。わずか三歳のとき、父親が職人たちに支払う給料の計算をしているのを見て、誤《あやま》りを指摘した話も有名です。しかし、それ以上に、ガウス自身も好んで話したという、次のエピソードに、すばらしい数学的教訓があるのです。

七歳で小学校に入ったガウスが十歳のとき、授業で教師から、難しい課題を出されます。

それは８１２９７に始まって、１９８ずつ増えていく数を１００個並べられ、この数を全部加えたらいくつになるかという問題でした。普通の人だったら、何十分もかかる面倒な計算です。しかし、ガウスはこともなげにこの問題をこなし、瞬時に正解を出してしまったのです。

ガウスの頭脳が、コンピューター並みの計算処理速度を持っていたわけではありません。それらの数を単純に足していくのではなく、ある法則を発見して、それを当てはめることにより、正確かつ迅速《じんそく》な問題解決ができたのです。

その考え方が、「数学シアター　第1幕第2場」の舞台裏（24ページ）でも取り上げた考え方です。

ここではわかりやすくするため、問題を単純化して、「１から１００までの数を全部足しなさい」などという課題にしてみました。実際、いろいろな書物でガウスのエピソードとして伝えられているのは、この単純化した問題です。

つまり、１＋１００＝１０１、99＋2＝１０１、98＋3＝１０１……のように、最初の数と最後の数から順番に二つずつ足していくと、その和はどれも１０１になり、１００までには50対《つい》ありますから、１０１×50で、答えは５０５０になるのです。

これを数式化すると、1から始まる自然数nについてその総和Snは、

$$S_n=\frac{1}{2}n(n+1)$$

となります。

じつはこの話にもいろいろな説があり、私が読んだ文献では、頭がよすぎて何かとうるさいガウスに手をやいていた教師が、彼をこらしめるために、すぐには解けるはずもないような難しい問題を出したとありました。

難問を出したつもりでいる教師は、当分の間ガウスはこの問題を解くのに時間がかかると思い、しめしめとほくそ笑んでいたことでしょう。

「できたら持ってきなさい」という言葉を残して、教師は教室をあとにするのですが、ガウスは即座に解いて、驚愕《きようがく》している教師に向かって、答えを言いながら「先

ガウス
（*Gauss 1777〜1855*）

生、さようなら」と去っていったのだそうです。

■■■生意気な天才数学者の面影

この話がきっかけかどうかはわかりませんが、教師は、「このような天才に、私が教えられることは何もない」と、数学の本を取り寄せてガウスに与えたのだそうです。

そればかりか、自分の息子を数学者にするつもりなど毛頭なかった、頑固一徹《いってつ》のガウスの父親に対して、数学の勉強をさせるようにと何度も何度も説得に通い、ガウスのために家庭教師をつけてもらう了解まで取りつけたそうです。

数学での天才ぶりを発揮していたガウスですが、多才だったため、音楽や神学、言語学にも惹《ひ》かれていて、数学者になるか、それとも音楽家や神学者、言語学者になるか迷っていたといいます。そして彼が十九歳になるひと月前に、コンパスと定規を使って正十七角形を作図する方法を発見したことで、数学者として生きることを決意したと伝えられています。

ガウスの生涯には、とても一冊の本には収まりきらないほど、たくさんの偉業が残されています。彼の才能は数学ばかりではなく、天文学や物理学という分野にまでおよぶ、偉大な研究成果がありますが、こうした幼いころの逸話を読んでみると、生意気だった天才数学者の面影を垣間見ることができて、すこしだけ親近感がわいてきませんか。

またそれ以上に特筆すべきは、彼の残したエピソードから、数学的な考え方のおもしろさと威力を、まざまざと見せてもらえることだと私は思います。

数学シアター

第1幕　第3場

野球の試合は何試合？

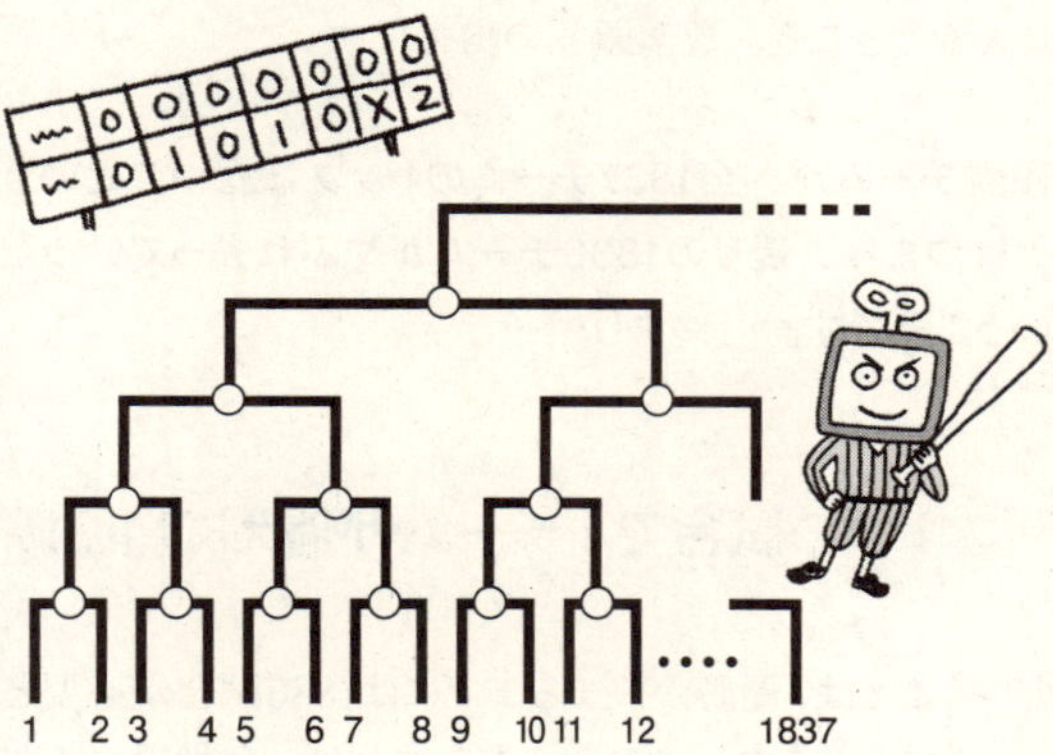

草野球の全国大会に1837チームという半端な数のチームが参加することになりました。甲子園の高校野球のように、トーナメント戦で優勝を決めます。すると上図の○印のところで試合が行なわれることになりますが、優勝が決まるまでに、何試合が必要でしょうか？

じつは、計算式を考えるまでもなく、一瞬で答えを出すすばらしい考え方があります。さて、わかりますか？

舞台裏

とりあえずチーム数を２で割った数が、１回戦の試合数のはずですが……。全体数が1837と多いうえに、割りきれないイヤミな奇数なので、すでにここで問題はこんがらがってしまいます。

こんなときこそ、数学頭脳の出番です。


優勝チームが、全1837チームのトップに立つ、ということはつまり、残りの1836チームがやぶれ去っていったということです。　つまり……、

１つの試合で１チームが消えていく！


ということは、優勝が決まるまでには1836試合が必要ということになります。この考え方をすれば、全世界のチームが参加した何万チームのトーナメントでも、

「全チーム数－1」

で試合数が出せるという公式、法則が導かれるのです。

答え　1836試合

第2章
数学とは「芸術」だ！

数学シアター

第2幕　第1場

電卓ゲーム

①・好きな数オンパレード

さあ、ここでは電卓を用意してください。

空欄に、あなたの好きな数（1桁）を入れるとどうなるでしょう。十分予想してから、はいポン！

好きな数

12345679×□×9
=□

②・2を掛けると……？

123456789
×2= ?
×2= ?
×2= ?
×2= ?

1から9まで順番に並んだ9桁の数字に2を掛けると？

よく数字を見てください。何かに気づきませんか？

不思議でしょう？　それにさらに2を掛け、またもう一度掛けてもまだ不思議。そして、最後の4回目には……？

さて、どうしてこうなるのでしょうか？

第2幕　第1場

舞台裏

①

好きな数

12345679×[7]×9

=[777777777]

これはみごとでしょう。たとえば 7 を入れると、
12345679×7×9=777,777,777となります。

きれいですね、ラッキーセブンが勢ぞろい。

その秘密は、12345679×9 の掛け算にあります。

12345679×9=111,111,111ですね。そこで、その掛け算の間に好きな数字を押したらその数字のオンパレードになるのは当然！　最初の123……に 8 がないのに注意してください。

②

123456789

×2=[246913578]

×2=[493827156]

×2=[987654312]

×2=[1975308624]

この問題では、1つも同じ数字がダブらないで 4 回、しかも 4 回目は、0まで加わった全数字が勢ぞろいしたことに気がついたでしょうか？

愛し合う運命的な「友愛数」

私たちの身の回りには、美しいものがたくさんあります。無味乾燥だと誤解されやすい数学の世界にも、じつにロマンティックで感動を与えてくれる数が存在しています。

私は以前から、数学には「愛」があると言いつづけてきました。それは、後ほど出てくる虚数《きょすう》のｉにも通じることなのですが、名前の桜井にもｓａｋｕｒＡｉと、Ａｉがあるのを大事にして、仕事の場である「桜井サイエンス・ファクトリー」の英字ロゴでも、Ａを大きくしています。

しかし、それにもまして数学に「愛」を感じるのは、「友愛数」というものの存在です。

この数の関係は、とても文学的で、ある意味において人間的でさえあります。

じつはこの「友愛数」の前に、紀元前六世紀ごろ、ピタゴラスの学校で学んでいた人たちが、ある数とその約数（ある整数に対して、その数を割りきることのできる整数）

の間に、特別な関係のあるものを見つけました。

それは、6のように自分以外の約数を足すと、自分の数(＝6)になってしまう数があるということです。6の約数は、1、2、3ですから、これらを加えるとたしかに6になります。そこで、この種の数のことを「完全数」と呼ぶことにしました。

6以外の「完全数」を探してみると、6の次に小さい数では、28がそうだとわかりました。28の自分以外の約数は、1、2、4、7、14ですから、たしかにその和(足した計)は28になります。

さらにどんな数があるかを探す試みがつづき、紀元一世紀のころには、496、8128が見つかっていました。コンピューターが使われるようになって、ぞくぞくと「完全数」は発見されましたが、それでも現在まで二三個に達しているだけです。コンピューターを使ってもせいぜいこの程度ということは、それだけ貴重な数字であるともいえます。なにせ「完全」という名がついた数なのですから。

この数字を発見したころ、古代の人たちはその神秘性に意味を持たせて、6は神がこの世を創った日数であり、28は月の満《み》ち干《ひ》の周期だからと考えたそうです。

この「完全数」についで、また新たな関係にある数の対が見つかりました。それが、「友愛数」と名づけられる一対の数です。

ピタゴラスがある人から「友人とは何ですか？」と聞かれたとき、「それはもう一つの私。たとえば220と284のようなものです」と答えたそうですが、その二つの数が、じつは最初に発見された「友愛数」だったのです。

■■■親密で運命的な関係

では、220と284とはどんな数なのでしょうか。

小川洋子さんの小説『博士の愛した数式』の中で、博士の家に来るようになった家政婦の誕生日が2月20日で220、博士の腕時計のナンバーが284。この偶然の一致を、博士は大変に喜び、こんなふうに説明します。

「……見てご覧、この素晴らしい一続きの数字の連なりを。220の約数の和は284。284の約数の和は220。友愛数だ。滅多に存在しない組合せだよ。フェルマーだってデカルトだって、一組ずつしか見つけられなかった。神の計らいを受けた絆《きずな》で結ばれ合った数字なんだ。美しいと思わないかい？　君の誕生日と、僕の手首に刻まれた数字が、これほど見事なチェーンでつながり合っているなんて」

たしかに、二つの数の約数と、その数字自身をのぞいた約数の和はこうなっています。

220の約数＝｛1、2、4、5、10、11、20、22、44、55、110、220｝

220をのぞいた和＝1＋2＋4＋5＋10＋11＋20＋22＋44＋55＋110＝284

284の約数＝｛1、2、4、71、142、284｝

284をのぞいた和＝1＋2＋4＋71＋142＝220

このように、いっぽうの数の約数（自分自身はのぞく）の和が、他方の約数の和に等しくなるような一組の数を「友愛数」といいます。

「友愛数」は現在では五五〇組も発見されていますが、その中で一番小さい数の組が220と284です。1184と1210、2620と2924も「友愛数」であることがわかっていますので、時間と熱意のある人は確かめてみませんか？

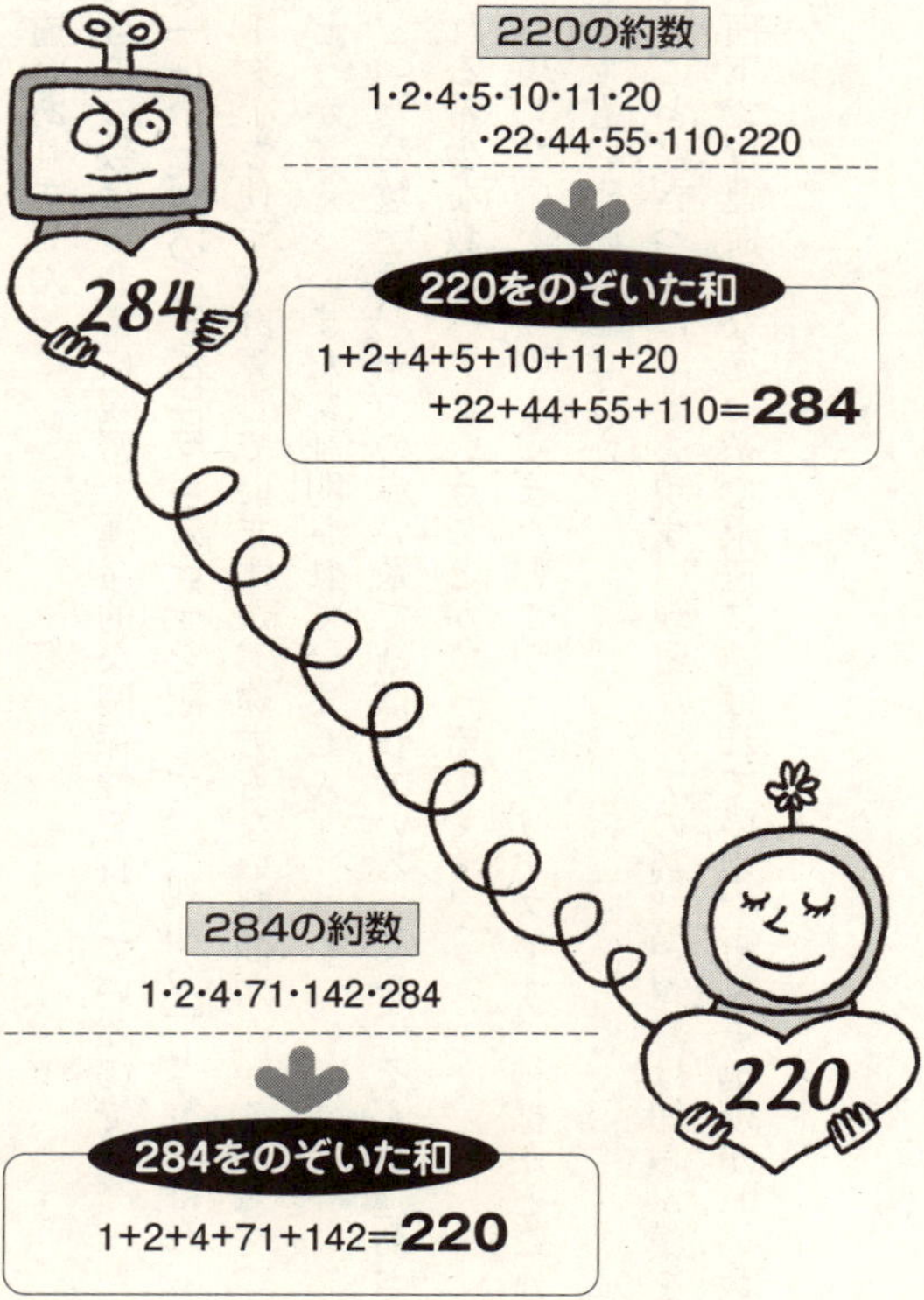

284
220の約数
1・2・4・5・10・11・20
・22・44・55・110・220
220をのぞいた和
1+2+4+5+10+11+20
+22+44+55+110=284
220
284の約数
1・2・4・71・142・284
284をのぞいた和
1+2+4+71+142=220

やりとげた暁《あかつき》には、みごと一致した感激で、その「友愛数」の愛をひしひしと感じられるに違いありません。

いずれもこの数は、非常に親密で運命的な関係性を持っているのです。

「友愛数」は、英語のAmicable numberを訳して、「親和数」とも呼ばれ、今ではコンピューターを使って計算していますが、途方もない時間がかかる計算で、無限にあるのかどうかさえ、いまだに証明されていません。

それほど「友愛数」は、一つの赤い糸で結ばれているような、そんな運命さえ感じさせてくれる希少な数のペアということができるのです。

滅多に出現しないというのも、またどこかミステリアスです。神様がどこかに隠している数とでもいうのでしょうか。

ひょんなことがきっかけで姿を現す、親密なペアの数。いつもは知らん顔をしていても、水面下では運命的な赤い糸で永遠に結ばれている、そんな奥ゆかしい数なのです。

■■■ 友愛数以外の仲良しの数、社交数と婚約数

また、友愛数を三つ以上の関係にしたものを社交数といいます。ただ、三つからなる社交数は見つかっていません。

四つからなる社交数
1264460、1547860、1727636、1305184
五つからなる社交数
12496、14288、15472、14536、14264

五つの社交数の場合では、12496の約数の和が14288になり、14288の約数の和が15472、15472の約数の和が14536、14536の約数の和が14264、14264の約数の和が最初の12496になります。皆でつながりあって、まさに社交的につながっている数です。おもしろいですね。

また、友愛数に一歩及ばない婚約数という数のペアがあります。これは、1と自分自身をのぞいた約数の和が、お互いに他方と等しくなるような数のことをいいます。

なぜ「婚約数」というのかというと、おそらく1を加えていないところが、まだ結婚にはいたらない婚約という意味なのでしょう。

一番小さな婚約数の組は48と75です。

48の約数＝｛1、2、3、4、6、8、12、16、24、48｝

1と48をのぞいた和＝2＋3＋4＋6＋8＋12＋16＋24＝75

75の約数＝｛1、3、5、15、25、75｝

1と75をのぞいた和＝3＋5＋15＋25＝48

また、発見されている婚約数はすべて奇数と偶数のペアになっています。

数の世界の主役「素数」

ピタゴラスの昔から、数学者は「素数」に魅入《みい》られていたようです。

ピタゴラスより二世紀ほどあとの数学者、ユークリッドの『ストイケイア』（幾何《きか》学《がく》原本）には、素数の数は無限であるとの証明が残されています。

前述の『博士の愛した数式』でも、「この世で博士が最も愛したのは、素数だった」という一節があります。この「1と自分自身以外では割り切れない、一見頑固者風の数字」に対して、博士はひたむきに熱い思いを語るのです。

素数とは、より正確には「1より大きい数で、1とその数自身以外に約数を持たないもの」ですが、いまだにどういうふうに分布《ぶんぷ》しているのかよくわかっていません。

3と5のように2個差だったり、7と11のように4個差だったり、たとえば一〇〇万個連続して素数が出てこない場合もあります。今のところ素数は本当に気まぐれに出現するのです。素数の現れる法則を示すシンプルな公式はいまだに見つかっていません。

しかし、ある数が素数かそうでないかを判定するという問題は解決しました。ある大きな数が、素数かそうでないかわからないとき、コンピューターを駆使《くし》してそれを判定することができるようになったのです。

これを「素数判定問題」というのですが、二〇〇二年、インド工科大学の研究グループがこの問題の解法を発見し、数学関係者の間に衝撃が走りました。素数というのは人類が長年追い求めてきたものだったので、その謎の一つが解明されたという事実に、数学界は震撼《しんかん》しました。

ところが、先ほども述べたように逆に素数を作り出すというか、見つけ出すような公式はまだ発見されていません。

じつは、あることにはあるのですが、あまりにも複雑すぎて、実用的ではないので、これは発見されたとはいえないでしょう。たとえば一万番目の素数は何かというのをその公式で計算するには、コンピューターを使っても何日もかかります。それなら、素数を1から順番に手で書いていったほうが早いぐらいです。

ですから、全く実用的ではなくて、素数を表す公式はまだないといえるのです。ただ、先ほども言ったように、素数が無限にあるということだけはわかっています。

素数はすべての数の素！

出方が不規則で、何が何だかわからない世界ですが、数学者たちはあくまでも素数を追いかけつづけているのです。

■■■ 素数に惹かれる数学者たち

なぜ数学者は、これほど素数に惹かれるのでしょうか。

まずその一番大きな理由は、「1より大きなすべての整数は、素数であるか、いくつかの素数の積で表される」ということにあります。

たとえば12という数字を素因数分解すると、2×2×3で、すべて素数で表すことができます。つまり、素数はすべての数の素（もと）なのです。要するに、素数が数の世界の主役なのです。

その数に存在している人格というか、「数格」というか、まさに源《みなもと》になっているのです。10や12は日常生活で非常に重要な数ですが、あくまでも素数で作られた合成数です。素数こそ数の根本なのです。

興味深いことに、日本では昔から素数がよく使われています。「七五三」などの行事や、俳句や短歌にも「七」や「五」の素数が用いられてきました。

華道の世界でも、池坊《いけのぼう》では花を生《い》ける高さは「七・五・三」の割合が美しいとされています。昔の日本人に「七」や「五」や「三」が素数であるという認識はなかったでしょうが、その数字の持つ美しさに無意識に惹かれていたのでしょう。

すべての数の素になっている素数。よく無味乾燥といわれる数の世界、数学の分野を、もっとおいしく、食べやすくしてくれる「隠し味」にもなっているのが、この「数の素」ではないでしょうか。

数学シアター

第2幕　第2場

黄金比①・ミロのヴィーナス

世の中の美を支配する「神の比率」「黄金比」。さあ、この有名な「美」の中のどこにそれが隠されているでしょうか。まずはミロのヴィーナスから見てみましょう。

舞台裏

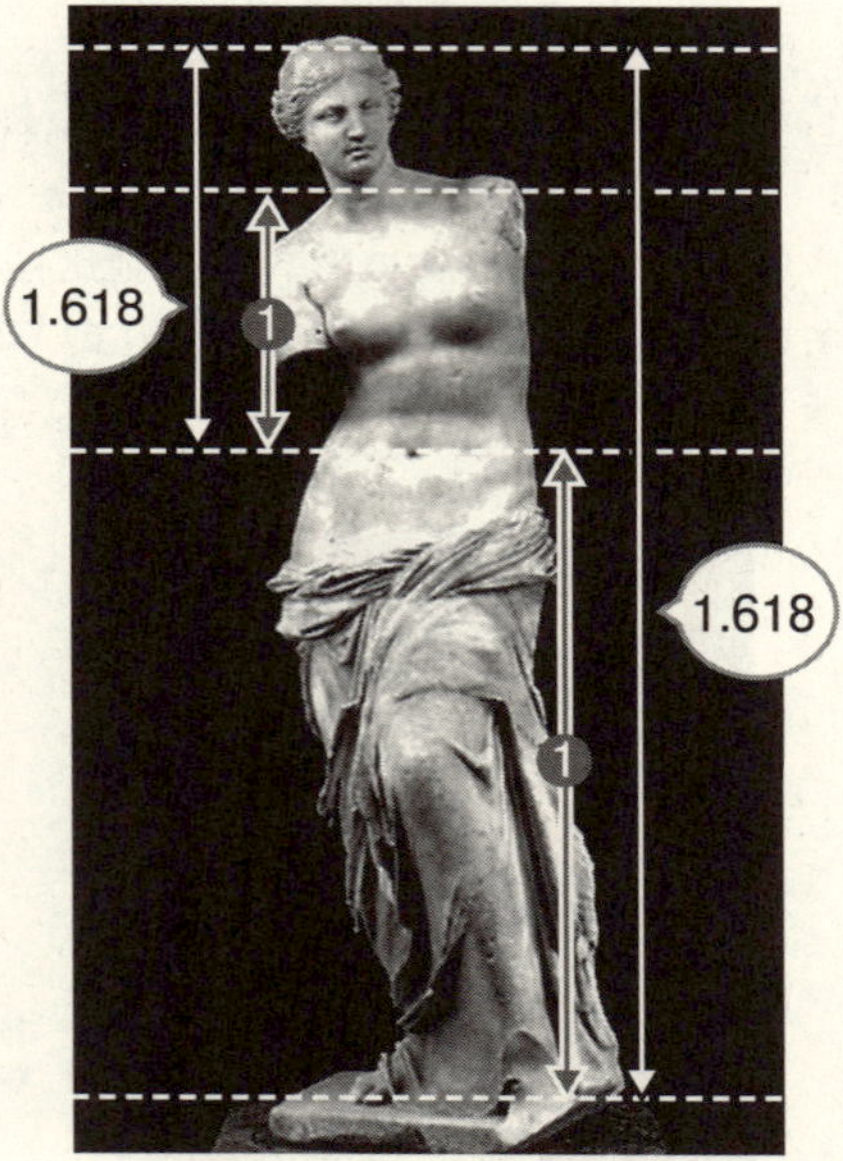

「美の象徴」的存在になっている「ミロのヴィーナス」。その完璧なまでの美しさは、足元から、おへそまでと頭頂までの長さの比率、おへそから、首の付け根までと頭頂までの長さの比率などに、1対1.618……$\left(\frac{1+\sqrt{5}}{2}\right)$、約5対8の「黄金比」が見られることと大きな関係がありそうです。

数学シアター

第2幕　第3場

黄金比②・パルテノン神殿&人体図

世の中の美しいものを支配する「黄金比」。次はパルテノン神殿とレオナルド・ダ・ヴィンチの描いた有名な人体図です。どこにその「美」の比率が隠されているのでしょうか？

▲パルテノン神殿

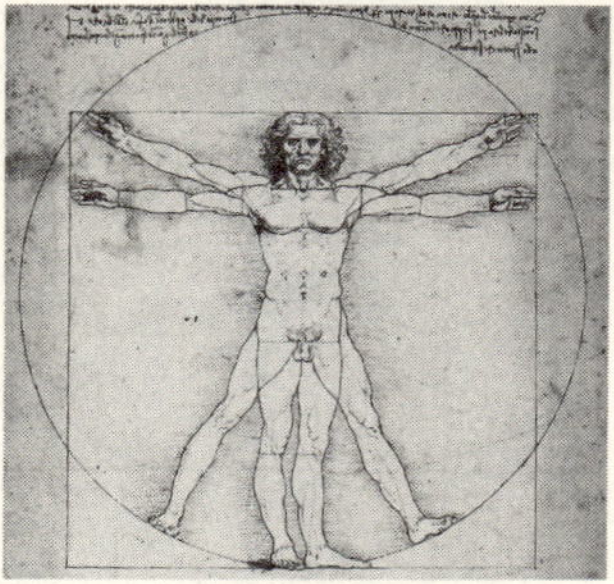

▲ウィトルウィウス的人体図

舞台裏

パルテノン神殿

8本の柱が5本で正方形となり8対5、柱の上端までと屋根の頂上までも黄金比になっています。

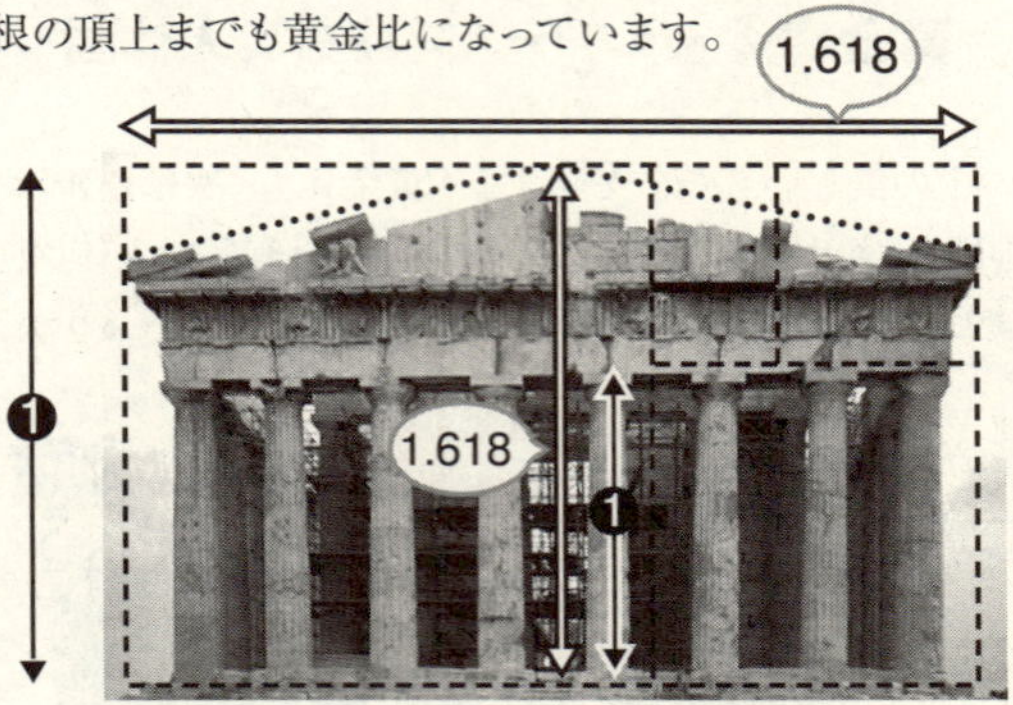

ウィトルウィウス的人体図

身長方向のほかに、手の肘《ひじ》までと肩までが黄金比になっています。

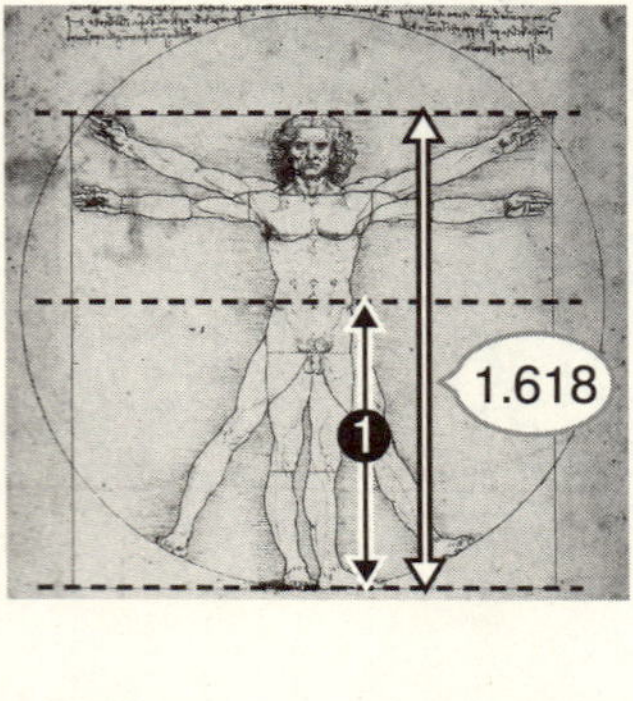

美を支配する「黄金比」

あるとき、女性の美しさに悩まされたまじめな青年が、女性の美とは何かを研究しようとしました。そしてたどり着いた結論は、「あばたもえくぼ」。恋してしまったがために、相手の何もかもが美しく見えてしまうのだという逆説にたどり着きます。

要するに、女性の美といっても所詮《しょせん》それは主観的なもので、普遍的な「永遠の美」などというものは存在しないというわけです。

これは私の体験談ではありません。昔の男性は多かれ少なかれ、女性の美しさを神格化する傾向があり、哲学青年などといわれる人たちは、皆似たような経験を持っていたのではないでしょうか。

たしかに文学的・心理学的に「美」の問題を扱えば、このような主観的な「美」が前面に出てくることが多いでしょう。しかし、こと数学の世界では、とらえがたい「美」の基準についても、ちゃんといくつかの理論を持っているのです。

その最たるものが、「黄金分割」といわれる比率の存在です。

つまり、この世の中には、この世のものとは思えない美しさを持つものがあり、それらには、ちゃんと一つの共通点があるということがわかっているのです。

それは「黄金比」という、この世でもっとも美しいとされる比率のことです。

発祥は定かではありませんが、紀元前古代ギリシャのピタゴラス学派が起源ともいわれており、「黄金」という言葉が使われるようになったのは、十九世紀に入ってからではないかとされています。

縦と横の長さが黄金比となるような長方形を、黄金長方形といいますが、その短辺を一辺とする正方形を切り取ると、残りの四角形は黄金長方形となり、またその短辺を一辺とする正方形を切り取れば、残りはまたもや黄金長方形となるという特性を持っています。

その「黄金比」は、長さでいうと1対1・618……（$\frac{1+\sqrt{5}}{2}$）となり、およそ5対8です。ヨーロッパでは古くから究極の美の比率として、多くの人を魅了しつづけてきました。

身近なものとしては、名刺やテレホンカードなどの縦と横の長さも、この黄金比が基になっています。

黄金比　1:1.618…≒5:8

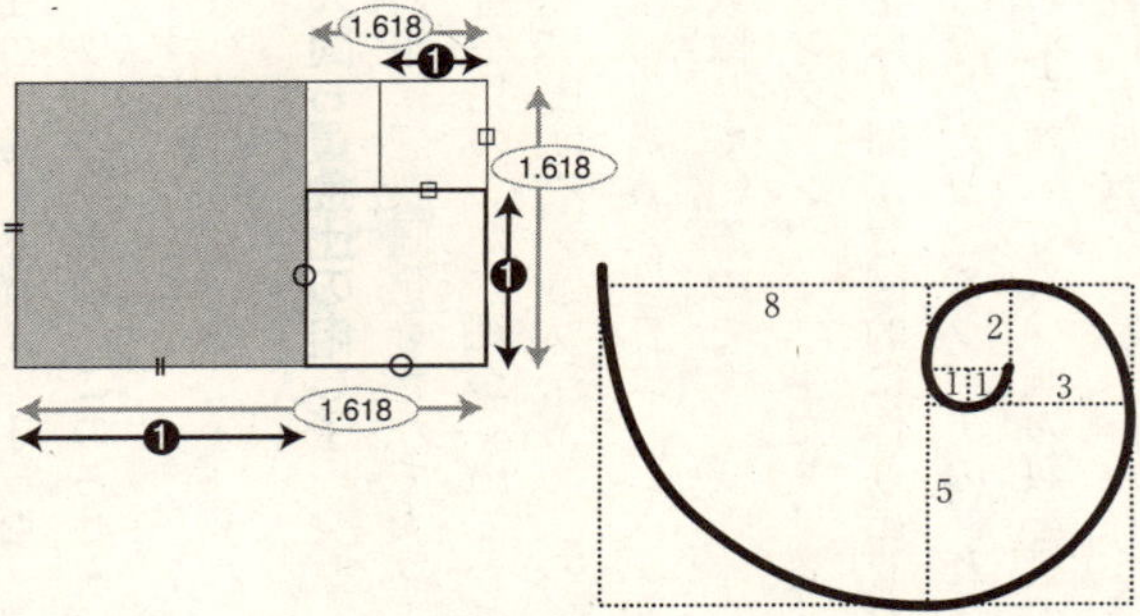

芸術でも例外ではありません。「数学シアター　第2幕第2場」（61ページ）で見たように、ルーブル美術館が所蔵している「ミロのヴィーナス」は、足元からおへそまでの長さと、頭頂までの長さの関係がやはり5対8の黄金比率で、腕などの細かい部分にまで黄金比が隠されています。

そのバランスよく整った美しさに、どれほど多くの人が感嘆の声をあげたことでしょうか。

また、自然界にも美しい黄金比は存在しています。

オウム貝が描くらせんやヒマワリの種の配列、そしてマツボックリやツクシなど、数多くの黄金比を見ることができます。

4分の1の円を、半径1、1、2、3、5、8、……と描いていくとらせんができます。ヒマワリの場合は、このらせんにそって右回りと左回りで種をつけることが知られています。

■■■ 人間も黄金比の申し子

二〇〇六年に、映画化もされて大ブームになった小説『ダ・ヴィンチ・コード』には、この黄金比のことが細かく出てきます。

なにしろ、ヒロインのソフィー（Sophie）のつづりの中に、黄金比を表すギリシャ語φ（phi ファイ）が含まれていて、それがひいてはこの女性の神秘的な出生につながる謎を象徴《しょうちょう》しているのです。

主人公ラングドンが、学生たちに語る「黄金比物語」は、じつに魅力的です。

この比率は人間が意図的に作り出したものではなく、自然界のいたるところに存在すること。たとえば、ミツバチの群れにおける雄と雌の個体数の関係は、世界中どのミツバチの巣を調べても、雌の数を雄の数で割ると黄金比になること。

この小説にも重要なモチーフを与えているレオナルド・ダ・ヴィンチ（一四五二〜

世界は黄金比であふれている！

一五一九）の手足を大の字に広げた「ウィトルウィウス的人体図」も、円や正方形が書き込まれて測定の意図が明白に認められ、そのサイズにはいくつもの黄金比が隠されています。

ウィトルウィウスとは、紀元前一世紀にローマで活躍した芸術家・建築家で、人体各部の比率に注目して建築理論をまとめた、いわばダ・ヴィンチの先達《せんだつ》です。

ダ・ヴィンチは墓をあばいてまで、人体の計測を熱心に行ない、頭頂から床までの長さと、へそから床までの長さの比率、肩から指先までの長さと肘から指先までの長さの比率、腰から床までの長さと膝から床までの長さの比率、いずれも黄金比になっていることを突き止めます。

手の指、足の指、背骨の区切れ目……、あらゆるところが黄金比でできていて、まるで人間そのものが、黄金比の申し子なのです。

もちろん、人間が意識して「美」を求めた建物やその他の芸術作品では、当然のように黄金比が使われます。ギリシャのパルテノン神殿、エジプトのピラミッド、果てはニューヨークの国連ビルにいたるまで、黄金比の結晶です。

さらにはモーツァルトのソナタやベートーベンの交響曲第五番、バルトーク、ドビ

フィボナッチ数列

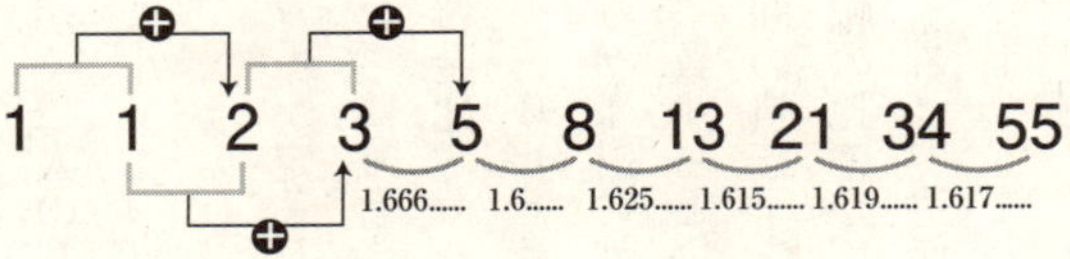

隣り合う数列間の比は「約1.6」!

ユッシー、シューベルトの作品でも、黄金比が構成上の大きな要素を占めているとも指摘します。かの有名なストラディヴァリウスのバイオリンなどは、黄金比を基準としてf字孔の位置が決められたと、ラングドンは言うのです。

生活の中に美意識を求めるヨーロッパの人々は、フラワーアレンジメントにも、その黄金比を活用していました。

フラワーアレンジメントをする際に、ポイントとなる三点を決めるのですが、その高さのバランスが、3対5対8で、これは数学的にはとても有名な「フィボナッチ数列」という数の並びになっています。

フィボナッチというのも人名で、『モ

ナ・リザと数学』（ビューレント・アータレイ著、化学同人）という本では、時代はやや違いますが「二人のレオナルド」として、ダ・ヴィンチとのつながりが強調されているレオナルド・フィボナッチ（一一七〇頃〜一二五〇頃）というイタリアの数学者のことです。

フィボナッチが定義したこの数列は、1、1、2、3、5、8、13、21、34、55、……のように、隣り合った数の和が次の数になっているという数列で、じつはこの数列間の比が黄金比、すなわち1・618に限りなく近づいていくのです。

この『モナ・リザと数学』によれば、なんとオウム貝の渦巻《うずま》きを五〇〇万倍に拡大すると、ハリケーンの渦巻き雲になり、さらにこれを六〇兆倍すると渦巻き星雲の形にぴったり一致するといいます。

また、人間の遺伝子を形づくるDNA分子を測定した結果、そのらせん構造の一単位の長さと幅の比率が、約1・62であることを、イスラエルの学者が見出《みいだ》しました。

こう見てくると、遺伝子という超微細な生命の根源から、無限へ向かう広大な宇宙の果てまで、すべてこの「黄金比」でできているということは、この比率の別称である「神聖比率」「神の比率」の名のとおり、神の意思が働いているとしかいえなくなってしまいます。

一見、数学とは無関係なところにあると思われる「美」の根源が、こうして数学的に意味づけされ、さまざまな科学に裏づけされるということは、もう感動を通り越して驚異としかいいようがありません。

数学で見る西洋と日本の文化の違い

日本では、俳句は五七五、短歌は五七五七七、また身近な行事では七五三など、奇数が使われています。そこでは素数のリズムが多用されており、おもしろいことに、西洋で多く見られるらせんの数は全然出てこないのです。また日本の建築にもらせんは見られません。

建築に関していえば、ベーシックな単位は格子状《こうしじょう》のかたちです。たとえば畳とか襖《ふすま》は長方形でかっちりと作ってあります。なぜ格子状が多いのか、その背景の一つに建築に使われる木材の性質が関係していることが考えられます。

丸太から木材を取り出すとき、木から無駄なく取り出すために正方形で取り出されるのですが、この正方形に出てくる数が$\sqrt{2}$（１《ひと》・４《よ》１《ひと》４《よ》２《に》１《ひと》３《み》５《ご》６《ろ》……）で、「白銀比」と呼ばれる数です。

一辺の長さが１の正方形は対角線の長さが$\sqrt{2}$。したがってその基本となる木材が基調となる日本の建築は$\sqrt{2}$でできているといわれています。

丸太から正方形を作り出すことで現れる$\sqrt{2}$を使うと、動的にはならないのです。つまりここからダイナミックならせんという美は生まれません。

したがって、日本の建築は非常にスタティック、静的美意識に溢《あふ》れているのです。

私たちが日常、何気なく見ている日本の建築や日本画ですが、らせんの文化の中に生きるヨーロッパ人の目から見ると、とても静的で静謐《せいひつ》な美しさに満ちています。

■■日常に潜む$\sqrt{2}$

さて、皆さんが普段よく目にするもので、Ａ４とかＢ５という用紙サイズがありますが、Ａ４というのはじつは$\sqrt{2}$でできています。つまり紙の短辺と長辺が１対$\sqrt{2}$のサイズなのです。

このＡ判というグローバルスタンダードの用紙サイズを考えたのは、ノーベル化学賞をとったドイツ人の科学者といわれていますが、なぜ黄金比で作らなかったかというと、白銀比のほうがより機能的だったからです。

Ａ判はＡ０《ゼロ》からスタートします。Ａ４判は２１０×２９７、これを割ると１・４１４２……となり、比が$\sqrt{2}$であることがわかります。

そして、それを半分にどんどん折っていく、つまりA4からA5、A6となるわけですが、常にそのサイズは1対$\sqrt{2}$になります。

これを「相似《そうじ》」といいますが、1対$\sqrt{2}$というのはマジックナンバーなのです。私たちは紙を無意識に半折りにしますが、半分に折ったとき常に対応する短辺と長辺が1対$\sqrt{2}$になります。というわけで、1対$\sqrt{2}$は非常に賢い数です。

しかも、この$\sqrt{2}$＝1・4……が1・6……（黄金比）にすこし近いという点もおもしろいところです。完全に黄金長方形ではありませんが、機能的な数として$\sqrt{2}$が存在しているのです。

白銀比から受ける印象は日本の建築、アート同様、スタティックな実用の美という点においても大きいと思います。

■■■ B判は日本ならではのサイズ

もう一つのB判というのは日本のJIS規格です。

A判のひと回り小さいサイズを独自に作ったもので、日本だけで有効なサイズです。

白銀比

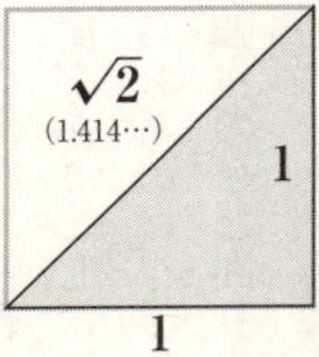

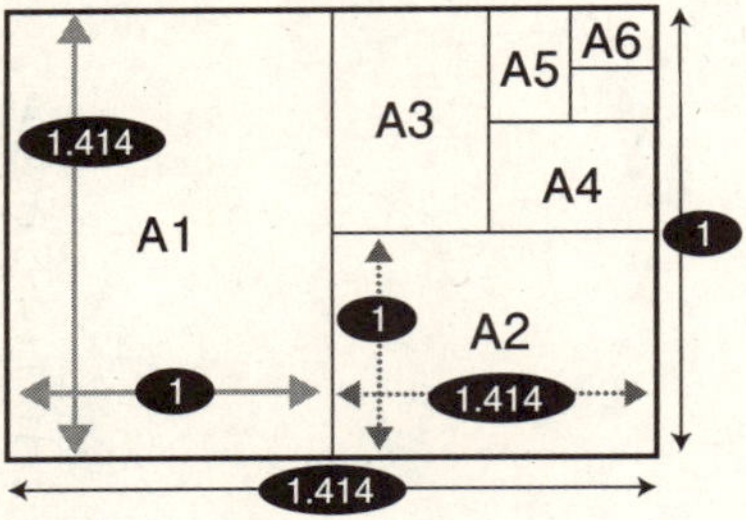

法隆寺には五重塔の庇《ひさし》、金堂正面の幅、
西院伽藍の回廊に1:√2の白銀比が使われている。

かつて一九九〇年代に法律の改正があるまでは、役所の書類はすべてB判で作成する、という法律がありました。しかし、現在ではA判の書類が主流となり、法改正前のなごりがみられるのは小学校の教科書やノートぐらいです。

なぜ、日本独自のひと回り小さいサイズが必要だったのか。自分たちにとってジャストサイズのものをということで当時の日本人の体型などと関連しているのかもしれません。ひと回り小さいA判ということで、B判もまた1対$\sqrt{2}$です。

数学の審美眼を養う

ピカソを知らない人でも、彼の絵や目を見るだけで、感動させる力、迫力が伝わってきます。とくに絵の描き方を習った人でなくても、誰が描いたのかさえ知らなくても、ただピカソの絵の前に立つだけで、素直に感動が得られることでしょう。

音楽にしても、演劇にしてもまったく同様で、特別な知識がないとしても、それに感動し、すばらしいと感じることができます。

数学の公式も、まさにこれと同じことがいえます。

ただ、数学が芸術と違うところは、美しいといわれる方程式を眺《なが》めてみても、誰でも同じように美しいとは感じられないということです。

そこが、芸術と数学の一番の相違点ではないでしょうか。

方程式が美しいと感じるまでには、数学的なトレーニングが必要となります。

つまりそれは数学の歴史をいかに読みとれるかということになります。方程式が生まれた背景であるとか、その価値や数学全体の中でどういうポジションにいるのかといったことがわかることで、方程式は、また別の美しさを身につけるのです。

■■■ 数学全地図のジグソーパズル

数学者は数学全地図を作っているようなもので、コロンブスのように新大陸を発見すると、数学全地図に新たな世界が見えてくることになります。

数学の定理や法則は、数学全地図を完成させるためのジグソーパズルのようなもので、一つ一つの発見が、やがて別の関係性を築き上げることもあります。

まだまだ発見されていない方程式、そして気配さえ感じさせてくれない方程式が山ほどありますが、発見されている方程式を地図にはめ込み、どうすごいのかを知ることで、より一層数学への理解が深まっていきます。

美しさの度合いも、それを見る人の勉強の仕方や度量によって、いくらでも深く追求していくことができるものです。

目に見えない数の宇宙

数学においては、どんなに几帳面《きちょうめん》な人であっても、どんなに丁寧《ていねい》に作業を進める人であっても、厳密な意味で正確に図形を描くことは不可能です。

それは、数学で定義されている線というのは、長さがあるだけで幅がないものとされているからです。

点は位置だけがあって面積がないもの、面は面積があって厚みがないものなので、紙の上に図形として描くことは、決してできないということになります。

数学はイディアの世界、概念の世界で成り立っていますから、実際には目に見えない世界の論理を追求することになります。そこがまた想像をかき立てられ、多くの数学者たちが陶酔《とうすい》の世界に引き込まれていくのです。

私たちが見ることのできる、感じることのできる三次元空間であれば、まだイメージもしやすいのですが、これが四次元空間、五次元空間へと広がっていくと、もう想像すらままならなくなってきます。

「ドラえもん」の四次元ポケットは、三次元空間と四次元空間のインターフェイスとなって、楽しい世界に連れていってくれますが、実際に数学で四次元空間を想像してみることは、とても困難です。

決して見ることができない四次元という空間は、縦、横、高さという三つの要素に、すべてに直交する空間で成り立っているもので、人間の感覚や視覚で感知することは不可能なインビジブル、つまり目に見えない世界です。

ところが、数学の世界ではさらに、五次元、六次元、七次元と拡がっていき、そういう概念の世界まで簡単に作り上げ、そのうえ計算することもできてしまいます。

■■無限に広がる異次元の世界

ロシアの数学者ポントリャーギン（一九〇八〜一九八八）は、十四歳のときに全盲になってしまったのですが、数学が見せてくれる「目には見えない世界」を見ることができ、七次元、八次元といった普通の人間には見ることのできない高次元の中に光を見ることができました。

世界の幾何学《きかがく》を構築した功労者ですが、彼は、「目が見えなかったことをまったく気にしていない。それでよかった。だからこそ、あの高次元の世界を見ることができた」と言っています。

また、オイラーも計算をしすぎたために片目の視力を失い、やがて晩年になってから残された目の視力も失って、現実の世界を見ることはできなくなったのですが、たくさんもうけた子どもたちに支えられて、口述筆記という手段でそれから後も論文を書いています。

ポントリャーギンやオイラーといった数学者たちにとって、現実の世界を見る眼が閉ざされてしまったとしても、頭の中にしっかり図形を描き、数学の論理を展開することについては、何の支障もなかったことでしょう。

逆にいえば、数学者たちの頭の中には無限に広がる数学の世界があるということです。目に見えない異次元の世界から、現実に存在する宇宙というものの法則を見つけるために、自由に異なる次元や空間を行き来しているのです。

短いほど美しい「公式」

数学の美しさを語るときには、いろいろな視点があると思います。

シンメトリーで美しい公式、短い公式、一見複雑そうに見えて、じつはとても簡潔に展開することができる公式……。

想像を絶する高度な議論から生まれたアインシュタインの公式や、最近めざましい発達をとげている量子力学でも、できあがる公式は非常に短いのです。これでもかというぐらい短い公式の中に、ギュッと宇宙の法則が詰め込まれてしまうというのがじつに驚きで、そこにたとえようのない美しさを感じてしまいます。

ここでは短い公式の美しい実例を、いくつかあげて見ていくことにしましょう。

■■■「人類の至宝」オイラーの公式

まずは、あらゆる数学者から美しい公式と評されることの多い、「オイラーの公式」です。「人類の至宝」と呼ばれている、とても簡素で美しい公式です。

と言われても、まだ見ぬうちからこんなに吹き込まれると、ほんとうかなあと疑問に思う人もいるでしょう。そのとおり、次に示すような短い式の、どこがどういうふうに美しいのか、すごいのか、数学者たちにしかわかっていないのですから、話を聞くまでわからなくて当然です。

それは、

$$e^{i\pi}+1=0$$

という式です。

じつはこの中に、森羅万象《しんらばんしょう》、宇宙のすべて、人間の思考のエッセンスが、みんな凝縮してみごとに詰め込まれているのです。

ただ、その説明は手短にというわけにはいかないので、ちょっとあと回しにして、そのほか、古今有名な公式・法則が、いかに簡単な式で表されているかを見てしまいましょう。

■■■ 三百五十年のリレー「フェルマーの最終定理」

この「オイラーの公式」に勝るとも劣らないのが、フランスのピエール・ド・フェルマー（一六〇一〜一六六五）が数学論の訳書の余白に走り書きしていたという「フェルマーの最終定理」です。

「自分はこの定理に最終的にたどり着いたが、その証明を記すスペースがない」とその本の余白に書いたまま、彼は他界してしまいました。

そのため、後世の数学者たちは、約三百五十年もの間、われこそはその証明をと挑戦しつづけました。

そしてついに、一九九五年、アンドリュー・ワイルズによってその証明がなされ、「フェルマーの最終予測」は定理となったのです。

言ってしまえばごく簡単な定理です。でもこの証明に、約三百五十年もかかったのですから、その深みは推《お》して知るべしでしょう。

美しい公式美術館

$$e^{i\pi}+1=0$$

オイラーの公式

$$x^n+y^n\neq z^n$$

フェルマーの最終定理

$$180^\circ\times(n-2)$$

n角形の内角の和

$$E=mc^2$$

特殊相対性理論

3以上の自然数
nに対して、
$X^n + Y^n = Z^n$
を満たすような
自然数
X、Y、Zはない。

■■■小学生で出会える「n角形の内角の和」

また、小学生から中学生のときに習う公式の中にも、シンプルで美しい公式があります。

三角形の内角の和は180度ですが、それ以外の多角形も含め、

n角形の
内角の和は、
$180^\circ \times (n-2)$

など、すばらしい公式と出会うことができます。

アインシュタインの「特殊相対性理論」では、たったこれだけで、あらゆる物体に含まれる、あらゆるエネルギーが表現されてしまう公式が発表されました。「質量」×「光の速度」の2乗という、途方もなく簡単といえば簡単な数式です。

$E=mc^2$

まさに、シンプル・イズ・ビューティフル！

数学者たちが心血を注いでたどり着いた真実は、たった一行で、わずか数文字で表されてしまいます。偉大な数学者、物理学者たちの情熱には、あらためて敬服してしまいます。

数学シアター
第2幕　第4場

ピタゴラスの定理の美しい証明

いよいよ主役の登場です！　世にも有名な「ピタゴラスの定理」（=「三平方の定理」）。$AB^2+AC^2=BC^2$ を図形上で証明してみてください。

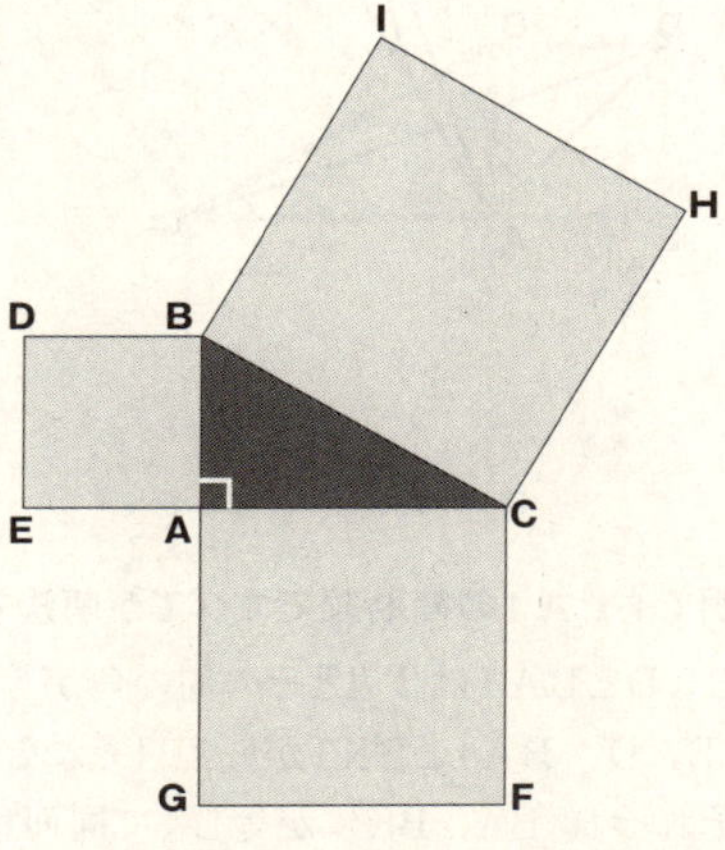

いろいろな方法がありますが、1本の補助線が鮮やかな解決を示す、もっとも美しい証明があるんですよ。

舞台裏

図形問題における有効な補助線の発見には、まさに感覚的なひらめきが求められます。その意味では論理的に攻めるというよりは、とりあえず当てずっぽうで引いてみるところから始まるでしょう。

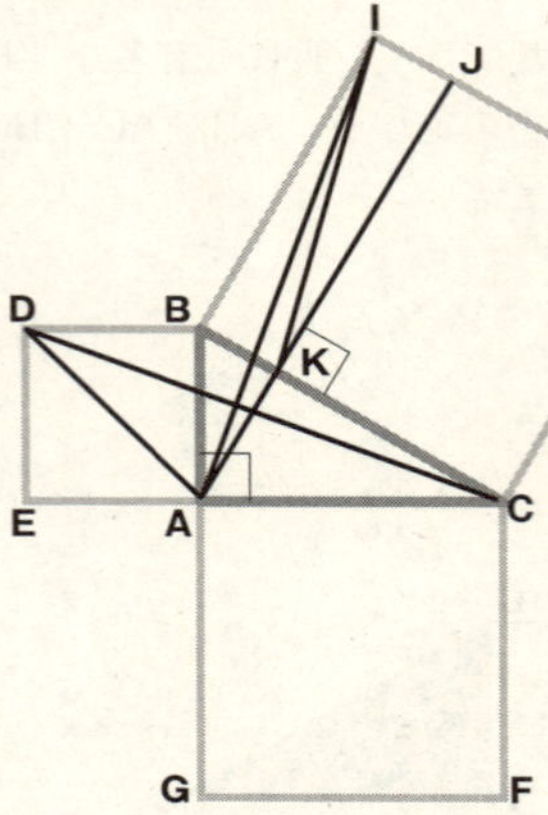

この証明でも、ＡＪの補助線ですべてが解決です。

三角形ＢＣＤとＢＡＩは２辺とその間の角が等しくて合同。ＢＣＤとＢＡＤ、ＢＡＩとＢＫＩが底辺（それぞれ BD、BI）・高さ（それぞれ BA、BK）が等しくて同面積。となるとＢＡＤとＢＫＩも同面積で、正方形ＢＡＥＤと長方形ＢＫＪＩも同面積になります。同様に正方形ＡＧＦＣと長方形ＣＨＪＫも同面積で、ＢＡＥＤ+ＡＧＦＣが、ＢＣＨＩになるのがわかります。

美しき宇宙の法則を数学に託して

人間は宇宙の法則によって誕生し、そしてその短い瞬間を燃焼させて消えていってしまう、本当に儚《はかな》い存在です。

だからこそ文学者や芸術家は、文学や音楽、そして絵画や彫刻という美しい芸術作品を作り上げ、自分が生きている証《あかし》にしようとしているのではないでしょうか。

生きていくことで味わったいろいろな喜びや怒り、そして哀しみや楽しみを、魂《たましい》を削《けず》るようにして、文字として、音として、色や形として、作品に刻んでいくわけです。

そうした思いが込められているからこそ、美しい芸術作品は人々の魂を癒《い》やし、生きる喜びや勇気を与えてくれるのです。

作曲家は、音の世界にある調和を音符にしてメロディーにしていくわけですが、モーツァルトの作曲方法は、頭の中に一瞬現れたメロディーを音符に直していく、というものだったそうで、そうなると発見という表現のほうが正しいかもしれません。

■■数学という「言葉」で美を表現

数学もまったく同じで、数の世界、形の世界にある非常に美しい法則を、数学の世界でさまよいながら発見し、それを数字や図形、その他多くの記号という表現方法を用いて作品を作り上げます。

「こんなに美しい法則があるんですよ」とか、「これってすごい公式でしょう」とか、宇宙の法則を見つけるたびに、自分の生きた証として、数学に託していきます。

もちろん、パッと見ただけで公式の美しさを理解するようになるためには、数学のちょっとしたトレーニングは必要ですが、芸術と同じように美しい公式は人々に感動を与え、心を癒やしてくれるものです。

こうして考えると、音楽も文学も数学も、それぞれの表現方法が違ってはいますが、音や文字や数字という「言葉」を使って、美しい世界を表現しようとしているのは同じなのです。多くの数学者が言っているように、「詩人でなければ数学者にはなれない」というのも、心から納得できます。

日本の数学者の多くは文学をこよなく愛し、芸術をこよなく愛し、いつかは夏目漱《そう》

す。石《せき》や森鷗外《おうがい》などのような文章を書きたいと願いながら、数学論文を書いているので

　芸術家たちは、自分の思いを形にしていく苦悩を味わいながら、一つ一つ作品というアウトプットをしていくわけですが、数学者も同じ世界で苦悩をつづけています。前述したガウスのように、数学への道とそのほかの芸術への道に迷った人も多く、それほど音楽、文学、数学の世界はとても近い存在であることがわかります。

　ただ一つ違うところがあるとすれば、それは数学の美というのは「朽《く》ちることのない永遠の真理」ということです。

　形あるものは、いつかは朽ちてなくなってしまいますが、論理の世界は永遠に存在しつづけます。数学の中の真理は曖昧さを許さず、0か1、白か黒といった具合に、何ものにも侵されない不変の真実です。

　どんなに時代が移りすぎようとも、どんなに人々の価値観が変わろうとも、未来永《えい》劫《ごう》その真実が変わることはありません。

　そういうピュアな真実の世界だからこそ、美を求める数学者の情熱は絶えることなく、昔も今も数学へと注がれつづけているのです。

音楽と数学にまつわる愛の調べ

私たちが理屈抜きで心を動かされるものに、「音楽」という世界があります。理詰めの議論をする数学と違って、感性のおもむくまま、伸びやかに音を楽しむというとてもうらやましい世界です。

音楽を表す英語「ミュージック」が、ギリシャ神話の音楽・文芸を司《つかさど》る女神「ミューズ」から来ているように、音楽はまさに芸術の女神です。

ところが、その感性・感覚の代表選手のような音楽が、じつはその「音階《おんかい》」とか「音律《おんりつ》」という基本において、数学と密接に通じるところがあるのです。

■■■ 数学者ピタゴラスによる「ピタゴラス音律」

音階は個々の音を高さの順に並べたものですが、音律は1オクターブの間に一定の秩序によりきちんと配列させたものをいいます。

音の法律、それが音律です。

その音律には、たびたび登場する古代ギリシャの数学者、ピタゴラスによる「ピタゴラス音律」や、１オクターブを半音ずつ均等割りにした「12平均律」などがあります。

「ピタゴラス音律」は、ローマ以降十五世紀後半まで、ヨーロッパ音楽全般の音律として用いられていました。

どんな音楽も「ドレミファソラシド」で表されますが、この「ドレミファソラシド」も固定の音が規定されているというわけではありません。

便宜上、いろいろな「ドレミファソラシド」が存在しては困ることになるので、国際的な取り決めとして「ラ」の音だけを440ヘルツと定めていますが、全体の音律は、相互の周波数の関係を規定することで構成されています。

「ピタゴラス音律」では、周波数比３対２の純正５度を積み重ねて、１オクターブに７音並べたもので、その音律で奏《かな》でられた和音は、音響学的にもいわゆる自然倍音で成り立つため濁《にご》ることがありません。

そのため、現在、「純正律」とも呼ばれて、演奏会などをこの音階で行なう運動を展開している人たちもいます。

もともとモーツァルトもバッハも、現在の一般的な音階である平均律では作曲していなかったとかで、自然な倍音を基にして調整された「純正律」での演奏を聴かせています。当時の「純正律」を再現した演奏を聴いた人の話によれば、とにかく耳に心地よく、とくにハーモニーが澄んで聞こえたような気がしたそうです。

ところが、この「純正律」「ピタゴラス音律」のように、和音がぴったり合う音律を作ってしまうと、時として弊害《へいがい》が起きてしまうこともあります。

転調がしづらくなることや、7オクターブぐらい繰り返し音階を上げていくと、最初の「ド」と7オクターブ目の「ド」がユニゾンにならなくなってしまい、教会で演奏すると「狼《おおかみ》のうなり」と呼ばれるようなうなり音になってしまったのです。

この「ピタゴラス音律」の微妙なずれを「ピタゴラスコンマ」と呼び、そのうなりを取りのぞくために考え出されたのが「12平均律」というわけです。

「12平均律」は、「ピタゴラス音律」に対して、1オクターブの音程を均等な周波数比で12等分した音律です。

つまり、同じ定数倍をずっと掛けていく定数倍率で作ったのが「12平均律」ということになります。

「12平均律」により、「狼のうなり」はなくなりましたが、今度は「ド」と「ソ」の周波数比が約１・49となり、「ピタゴラス音律」のように振動数比が１・５と、単純な整数比になる音程ではないため、きれいな和音ができなくなってしまいます。

転調がしやすい「12平均律」、そして和音が濁らない「ピタゴラス音律」。

どちらも一長一短というわけですが、完璧な音律は、永遠にできないということなのです。

■■■ 音楽に貢献した数学の天才たち

いい音楽は、私たちの心を癒やしてくれます。美しい音や澄んだ和音が、人間の心を慰めてくれることを、神様はとうにご存じだったのです。

しかし神様は、数学と音楽という世界に深い絆を結んだのにもかかわらず、たやすく円満におさまる音の世界は与えてくださらなかったのです。

そういう微妙な関係の中で、人間は苦しみながら整合性のある音の世界を作り出し、ピタゴラスから始まった歴代の数学者たちのチャレンジは、美しい音色《ねいろ》の創造に数学者たちの夢を重ね合わせたのです。

十八世紀最高の数学者と呼ばれるオイラーも「オイラー音律」を、そして、ドイツの天文学者でもあり数学者でもあったヨハネス・ケプラーも「ケプラー音律」を作るなど、数学の天才たちはいずれも、音楽の世界に多大なる貢献をしています。

また、宇宙の解明に深く関与している物理学の「超弦理論」では、粒子を粒ではなく弦であると考え、数の理論が素粒子に結びつくわけです。

ピタゴラスの有名な言葉に「万物の根源は数なり」というのがありますが、万物を宇宙に置き換えて「宇宙は数なり」と言ってもいいかもしれません。

私も、『ネイピア――知られざる対数発見物語』というテーマで講演会を開くことがありますが、この講演会の際は、まず音楽を聴いてもらい、リラックスした状態で対数を発見するにいたったネイピアの物語を紹介しています。

そうやって音楽を聴いていると、まるで異次元空間に引きずり込まれるように、また新たな感動を感じることができます。人間はこういう自然の中に生きている絶妙な法則によって動かされています。そしてこの宇宙の絶妙なる法則を、脳が生み出すさまざまな言葉が表現しているのです。

どうして宇宙の真理と数学や音楽が、こんなにぴったり合致するのか、今でも本当

Grave
数学者と音楽には深いかかわりがある
ピタゴラス音律
オイラー音律
ピタゴラス
（Pythagoras 569B.C.～475B.C.）
オイラー
（Euler 1707～1783）
ケプラー音律
フーリエ解析
ケプラー
（Kepler 1571～1630）
フーリエ
（Fourier 1768～1830）

に不思議に思います。

■■■シンセサイザーを誕生させた「フーリエ解析」

もう一人、音楽とは切り離せない数学者といえば、ジョゼフ・フーリエ（一七六八～一八三〇）があげられます。フーリエはフランスで仕立て屋の息子として生まれ、幼くして孤児となり、地元のベネディクト派司教のもとに身を寄せ、修道士の修行と並行して学んだ数学の道に進むことになります。

後にパリで解析数学の教授となるのですが、熱伝導の問題を扱っているときに、「任意の関数は、三角関数の無限級数の和として表すことができる」と主張し、これが「フーリエ解析」の原点となっています。

「フーリエ解析」は、与えられた関数を三角関数の級数で表すことを用いて、周波数成分に分解して調べることで、光や音、そして振動やコンピューターの世界で、幅広く活用されています。

一九六〇年代に登場したシンセサイザーは、あっというまに音楽界に浸透《しんとう》し、新しい音楽の扉を開いてくれましたが、このシンセサイザー誕生の原理になっているのが、じつはこの「フーリエ解析」なのです。シンセサイザーは、いろいろな周波数の正弦波を、任意の比率で足し合わせる仕組みを持つことで、あらゆる音色を生み出すことができます。

複雑に絡み合う癒やしの音色も、この「フーリエ解析」をもってすれば、三角関数が描き出す曲線として理解することができるのです。

数学と音楽の深い結びつきは、こんなところにも姿を現し、人の心を温かく慰めたり、また音楽の中に希望の光を見出すような、そんなことをやってのけているのです。

孤独な身の上で育ったフーリエが、ふとしたことで美しい方程式を見出し、それが現代にいたるまで、多くの人の心を癒やすことができているのも、また不思議な数学という方程式が見つけた「宇宙の法則」なのかもしれません。

■■■　まず感覚ありきの数学の芸術

人は驚いたり、極度の緊張状態に陥《おちい》ったりしたとき、よく、「言葉を失う」という表現をします。

あまりにもすばらしい音楽の音色に引き込まれ、一瞬のうちに別世界にワープしてしまったり、圧倒的な迫力のある絵画の前に立ったとたんに、絵画の世界に取り込まれてしまったり、信じられないようなアクシデントに遭遇して頭の中が真っ白になってしまったり……。そういう「言葉を失う」瞬間というのは、言葉や理性が働きだす前に、きっと別のどこかで状況を受け入れているのだと思います。

あるいは、別のところと交信しているのかもしれません。潜在的、本能的な何かなのかもしれませんが、私たちが感じることができる外界の情報を、即座に受け止めるものがあるのだと思います。

数学の世界も同じです。音楽を聴いて癒やされるように数式を見て癒やされたり、また数列の持つエネルギーや美しさを感じるというのは、言葉や理性で理解しているのではなく、見た瞬間にどこかがそういうふうに受け止めているのではないでしょうか。

理論はそのあとに補われるもので、まず現象が先に現れ、言葉や理論が追いかけているのです。

数学というのも、そういう意味で感覚的な勘が働き、最初に「こうじゃないかな」と思ったものの中に真実を発見することが多く、それをあとになって理論をまとめていくわけです。まさに数学の世界も芸術の世界も、最初に感覚ありきなのです。

数学シアター

第2幕　第5場

中学入試問題にチャレンジ

xと**y**の角度を求めてください。

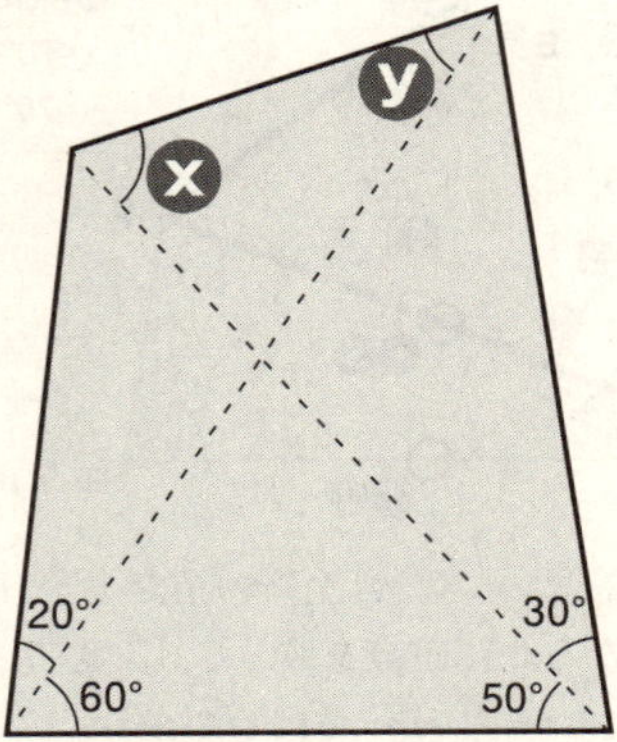

ある中学校の入試に出された問題で、xとyの角度を求めるというものですが、これがなかなかの難問。

ヒントはやはり補助線ですが、これを思いついた人は偉い！　でも、こんな問題が解ける小学生がいるというほうがすごいですね。

第2幕　第5場
舞台裏

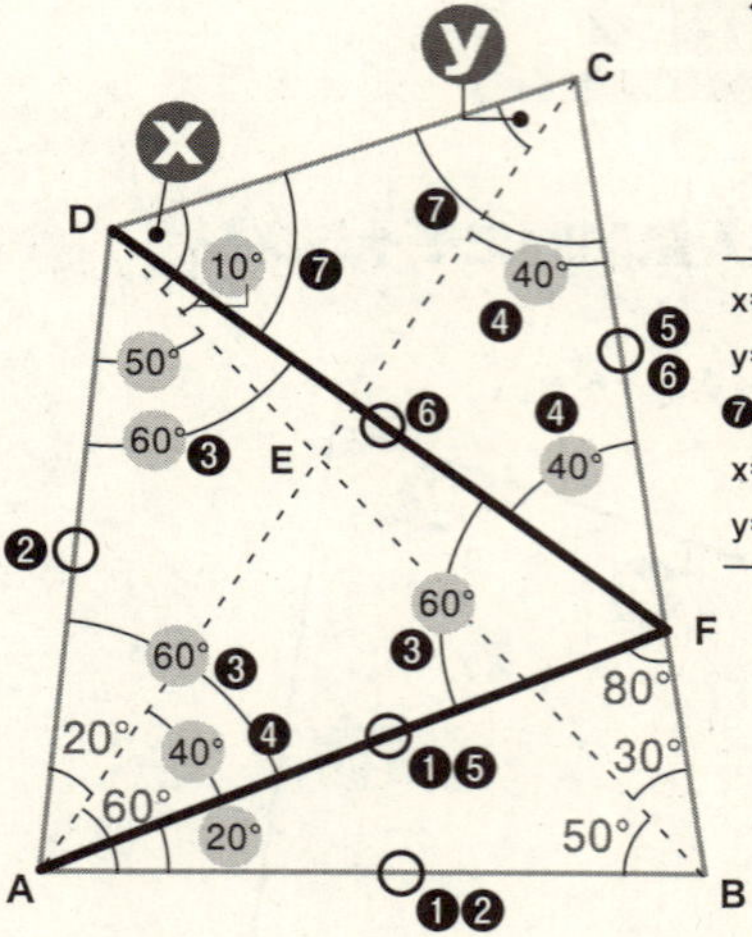

x=❼+10°

y=❼−40°

❼=(180°−40°)÷2=70°

x=70°+10°=80°

y=70°−40°=30°

この補助線を思いつくのは至難の業だったでしょう。つまり、AF=ABになるようにF点を取って、△AFBを二等辺三角形にするところから、すべては始まります。

①AB=AF、②∠ABD=∠ADBでAB=AD、③∠FAD=60°なので△AFDは正三角形。④すると∠CFDは40°となり、△AFCで∠ACF=40°。⑤△FACが二等辺三角形となり、FA=FCということは、⑥FC=FDの二等辺三角形。⑦∠FCD=∠FDCとなり、あとは上図の計算どおり。

答え　**x=80°　y=30°**

イコールの上を走る列車に乗って

私は列車の旅が好きです。古い駅舎に座っていると、二本のレールの上を列車が走っていく。そのレールはまるで果てしなくつづいているかのようです。

私は計算もまた旅だと思っています。二本の平行したイコールというレールの上を数式という列車がずーっと走っていく、そしてそれは決して朽ち果てることのないレールです。

「フェルマーの最終定理」が証明されるまで、約三百五十年の月日がかかりました。たった一つの予想に多くの数学者が挑戦しつづけて、中にはそれだけで一生を終えた人もいるのです。

第3章で詳述しますが、その証明にいたるまでには、過去に作られた「予想」を証明することが重要なポイントとなりました。

そして、そこからフェルマー予想へとつながったのです。

■■■ 時代を超えたレールを敷いて

このように数学者たちは、過去の数学者たちがとてつもない努力をして作ったもの、前の世代に作った方程式や公式を使って計算し、また新たな公式を作って新しいレールを敷いていくわけです。

正しい定理というものは、毎年、世界中の学会で発表され、公式も何万も作られています。そうした定理や公式は、私たちが実際に使うからこそ、未来へと伝承されていくのですが、中には使わない公式や記号もあります。

そうしたものはどんどん廃《すた》れていく運命にあります。やがて切磋琢磨《せっさたくま》されて本物だけが残ります。今、使われている公式や記号、定理というものは、そのレールを引き継いできた歴代の数学者がずっと使いつづけ、伝えつづけてきたもので、真に必要なものだけが残っているのです。

二千五百年前の「ピタゴラスの定理」はちゃんとそのレールの上を通ってきて、今、私たちのところにあります。おそらくこれは永遠につづいていくものでしょう。

逆に言えば、この現代に生き残っているものこそが真に正しいものともいえるのです。

第3章
数学とは「ドラマ」だ！

数学シアター

第3幕　第1場

方程式でもなく、鶴亀算でもなく

鶴と亀が出てくると「鶴亀算」かと思ってしまうのは先入観ですよ。上の４つの式から、ｘｙｚじゃ足りなくてｖまで動員して方程式を立てる、ということをしなくても、数学的頭脳を働かせれば、下の４種の合計がすぐ出るんです。

第3幕　第1場

舞台裏

えっ？ 未知数が4つもあるの!? でも4つの関係式があるんだから、連立方程式で解けるはず……、とやり始める前に、よく見てください。もっと簡単に答えが出る方法がありますね。

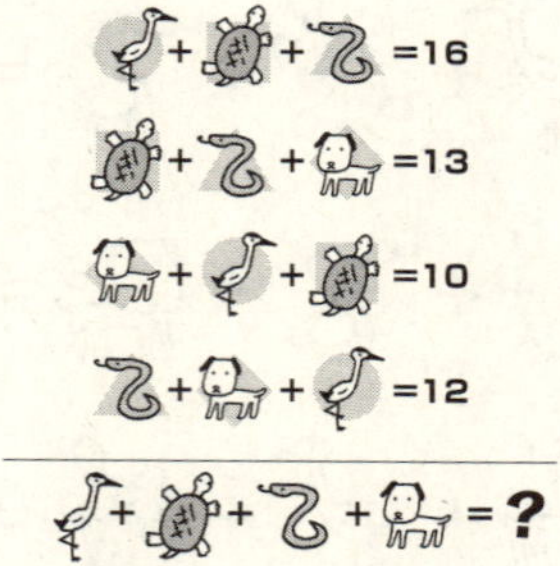

3（鶴＋亀＋蛇＋犬）＝51
鶴＋亀＋蛇＋犬＝17

鶴、亀、蛇、犬がそれぞれ3回ずつ出てきているところに気がつきましたか？　すると、あっというまに答えが出ます。各動物の数は聞いていないのもポイントですよ。

答え　**合計　17匹**

数学は歴史の中に生きるドラマ

数学が誕生したのは、人類が集団生活を始めた、今から約七千年前だといわれています。

世界の四大文明といわれているメソポタミア、インダス、エジプト、黄河文明の中でももっとも古いとされているメソポタミア文明が発生した時期で、メソポタミア文明の発展とともに数学も発展していったとされています。

人類は、集団生活をする前から、動物が感じていたような「大きい、小さい」、「多い、少ない」というイメージは持っていたとは思いますが、まだ「数」という概念はありませんでした。

数の概念が芽ばえたのは、暦の必要性によるものでした。天文学の発達によって数学は生まれたのです。

また、農作業をしていくうえで、農作物の計量や、畑の測量なども必要になってきます。

人が住むための家の設計には建築学的な思考も不可欠になってきます。皆さんもエジプトのピラミッドを写真などで一回はご覧になったことがあるでしょう。あれを見ると、当時の数学のレベルの高さがうかがえます。文明が発達するにつれて、いろいろな方面で数学も発展していったのです。

そういう意味では、数学は昔は非常に実用的でした。人間が生きていくため、国家を運営していくために数学は積極的に用いられました。

それが、時代が進むとともに、数学は純粋に学問としての色合いが濃くなってきます。今では、数学の新しい定理が生まれても、それがすぐ社会の役に立つことはほとんどありません。

■■■ 純粋な喜びを感じるために未知の問題を解く

数学者たちの中で、人類に役に立つかということを考えながら学問をやっている人はまず皆無《かいむ》だと思います。純粋に数学の未知の問題を解く、それに喜びを感じているのです。

「フェルマーの最終定理」などは、それが証明されたからといって、世の中は何も変わらないというような問題ですが、数学者たちは約三百五十年もの年月をかけて、夢中になって取り組んできたのです。

現在の数学は、物理学や工学などのように、今すぐ人間社会に役立つような実践的な学問ではありません。しかし、だからといって、決して無味乾燥な、無機質なものではないのです。

数学という学問が始まって以来、多くの数学者たちが、それこそ心血を注ぎ、人生を捧げて難問に立ち向かってきました。中には、数学の難問に取りつかれて、それに打ち込むあまり自分の人生を棒に振ったり、絶望して自ら命を絶った数学者もいます。

今、われわれが目にしている数学の定理の多くが、そういう先人たちのそれこそ血と汗の結晶なのです。

そういうふうに考えると、数学は人類の英知だけでなく、数学者の数学に対する情熱や執念によって発展してきたといえます。彼らは数学の持つ美しさに惹かれ、憧れ、探究心を煽《あお》られてきたのです。

このような生身の人間の溢れんばかりの愛情に包まれた数学が、無味乾燥《むみかんそう》な学問のはずがありません。血の通った生命力に溢れる学問なのです。

夢中で問題を解く「至福の時」

受験勉強はテクニックだけを追求するので、本当の学力にはつながらない、というような批判をよく耳にしますが、私は決してそうだとは思いません。

受験勉強がきっかけとなって、より深い学問に興味を持つこともあると思います。私は大学受験のとき、残念ながら浪人してしまいました。しかし、その浪人時代にとことん数学に向き合うことができたのです。

受験生時代というのは、ある意味、受験勉強のことしか考えなくていい時期です。私はただひたすら問題を解くことに専念しました。

最初のうちは背水《はいすい》の陣というか、もうこれ以上浪人はできないというせっぱつまった気持ちで勉強をしていましたが、夢中で数学の問題を解くうちに、ますます数学のおもしろさがわかってきたのです。

難問と格闘して、それが解けたときの喜びはひとしおです。そして、またもうすこし難しい問題に挑戦していこうという気持ちになりました。いつのまにか数学の問題を解いている時間が至福の時となっていったのです。

今の私があるのは、必死で勉強したあの浪人時代があったからです。はじめは半《なか》ば強制的でしたが、すこし理解できると、もう問題を解くのが楽しくて仕方なくなったのです。解けたときももちろんですが、問題を解いている過程そのものが喜びの時でした。やがてすっかり数学の虜《とりこ》になり、大学で数学をやっていこうと決意したのです。

■■■　受験勉強は幸運な機会

きっかけは何でもいいのです。日本の場合、私はあえて「幸運にも」と言いますが、受験勉強というものがあります。受験戦争などとやり玉にあがることも多いですが、そのせいで、どれだけの若者がしぶしぶでも机に向かうことでしょう。

そういう環境の中では、受験勉強がない国よりも学問に触れる機会は多くなります。言い換えれば、それだけ多くの機会を与えられているということです。

その機会を大いに利用し、学問にすこしでも関心を持てば、大学に入ってからの本格的な学問にも大いに関心を持つことができるでしょう。

数学も同じです。ほんのささやかなきっかけでもいいから、数学に関心を持ち、数学がすこしでも理解できれば、その勉強の時間がすごく楽しくなるのです。

数学シアター

第3幕　第2場

楽しい大学入試問題

大学入試の数学問題にも、なかなかレベルの高いものがあります。受験のため、大学に入るためというだけでなく、純粋に数学の問題として、十分楽しむことができます。たとえば、次のような問題があります。

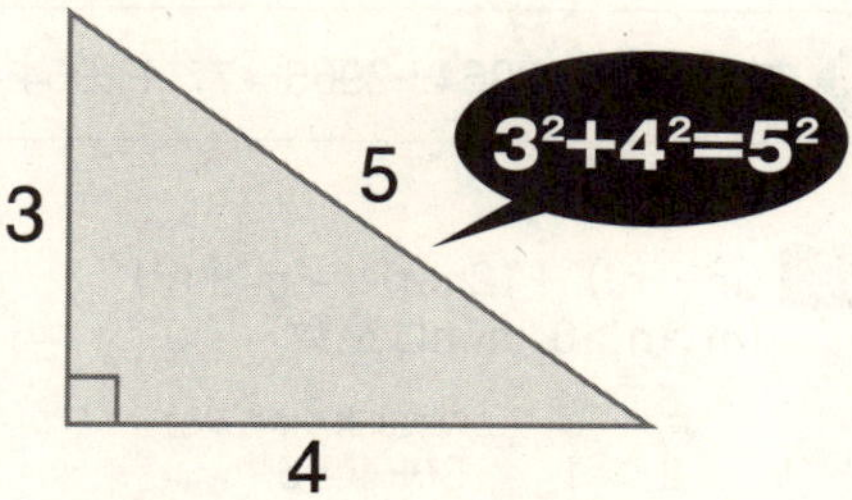

ピタゴラスの定理（三平方の定理）

$a^2+b^2=c^2$ を満たす自然数a、b、cの、

a=3、b=4、c=5以外の組を見つける方法は?

舞台裏

いくつかの答えのうちの2つをご紹介しましょう！

解1 $3^2=9=4+5 \rightarrow 3^2+4^2=5^2$
$5^2=25=12+13 \rightarrow 5^2+12^2=13^2$
$7^2=49=24+25 \rightarrow 7^2+24^2=25^2$

○を奇数の自然数とし、
○^{2}＝△＋□（□は△＋1）→ ○^{2}＋△^{2}＝□^{2}

このように奇数を2乗して2つに分ければ、ピタゴラスの定理を満たす3つの自然数をいくらでも見つけることができます。

例 $77^2=5929=2964+2965 \rightarrow 77^2+2964^2=2965^2$

解2 $(m^2-n^2)^2+(2mn)^2=(m^2+n^2)^2$
$(m>n>0$；m,nは整数$)$

m	n	（上の式に当てはめると）
2	1	$3^2+4^2=5^2$
3	2	$5^2+12^2=13^2$
4	1	$15^2+8^2=17^2$

全部、電卓で実際に計算してみてください。
当たり前ですが、ぴったり合って感動しますよ！

「数学」を「算数」にする方法

よく「小学校までは算数が得意だったけど、中学になると数学が苦手になった」という声を聞きます。それはなぜでしょうか。

もちろん内容が難しくなってくるということもあるでしょうが、算数がより日常の生活に密着しているのに対して、数学が抽象的なものになってくるからではないでしょうか。

たとえば、算数では、円の面積は「半径×半径×円周率」と習います。それが数学になると、

$$S=\pi r^2$$

と表現するようになります。

具体的な言葉を使う算数に対して、数学は記号や、代数を使うようになります。それだけで、円に対する親近感は消え、幾何学的な、味気ないものに感じられます。また、習う公式や解法も、機械的なものになります。たとえば「鶴と亀が合わせて20匹います。足の合計が54本のとき、亀は何匹いますか？」という問題があったとします。

中学生以上になるとほとんどの人は、こういう問題は方程式を使って解くでしょう。鶴をx匹、亀をy匹としたら、鶴の足は2本、亀の足は4本ですから、

$$x+y=20$$
$$2x+4y=54$$

という方程式を作り、「x＝13、y＝7」で、「7匹」という答えが導き出せるでしょう。

しかし、方程式を習っていない小学生はそのような方法では解けません。これを中

Q 鶴と亀が合わせて20匹います。
足の合計が54本のとき、亀は何匹いますか?

算数

●すべてが亀だったら、足の数の合計は、

4（本）×20（匹）＝80（本）

●今、足の総数は54本なので、亀から鶴に置き換わる足の数は、

80（本）−54（本）＝26（本）

●鶴の足は2本なので鶴の数は、

26（本）÷2（本）＝13（羽）

●したがって亀の数は、

20（匹）−13（羽）＝7（匹）

数学

鶴をx匹、亀をy匹とする。

$$x+y=20$$

$$2x+4y=54$$

$$x=13、y=7$$

答え　7匹

学受験では有名な「鶴亀算」という解き方で解いてみましょう。

もし、すべてが亀だったら、足の数の合計は、4×20＝80で、80本になってしまいます。仮にそこに鶴が1羽交じっていたとすると、亀の足の本数が4本で、鶴が2本ですから、その差の2本足の総数が減ることになります。したがって、全部で80－2＝78で78本の足の数になります。

それが今、足の総数が54本なのですから、80－54＝26で、26本分の足が亀から鶴に置き換わったことになります。したがって、26÷2＝13と鶴の足の数でそれを割れば、鶴が何羽交じっていたかがわかります。つまり、鶴は13羽、亀は7匹ということになります。

鶴亀算の考え方は、方程式をもうすでに習得したわれわれ大人にとってはまどろっこしく、時には泥くさく感じるかもしれません。

しかし、こういう考え方をすると、問題がより具体的に想像できます。鶴の長くてほっそりとした足や、亀のずんぐりしたかわいらしい足などが思い浮かんでくるような気がするのです。

■■■　算数は具体的、数学は抽象的

日本語のすばらしい点の一つに、単位を表す語彙《ごい》（数詞）が多いことがあげられます。人は「何人」、動物は「何匹」、「何羽」、「何頭」、本は「何冊」、果物は「何個」、鉛筆は「何本」といったように、名詞による単位の使い分けが非常に多いのです。

そのほかにも「台、度、杯、軒、輪、枚、粒……」など数えあげたらきりがありません。そのおかげで、われわれ日本人は、単位を見ただけで、それが何かだいたい想像できるのです。

算数は、そういう単位がじつによく出てきます。ですから、小学生も問題を頭の中

で思い浮かべることができ、問題を具体的につかむことができます。

それが中学生以上の数学になると、だんだん抽象性を求められるようになります。ここで、多くの人が数学への興味を失うように思います。

xやy、π、α（アルファ）、β（ベータ）、γ（ガンマ）などを使った公式は、われわれ数学者から見れば簡素で美しいですが、数学にあまり興味がない人にとっては、無機質で、硬質で、何の想像力もかき立てられない記号にしか思えないのかもしれません。

けれども、本来、数学と算数の間に明確な区別はないと私は思います。記号で表すことが数学の本質では決してありません。

数学の問題を考えるとき、算数のようにより具体的で、単位なども想像しながら考えていけば、身近で、親しみのあるものになっていくのではないでしょうか。

それは、われわれ数学者の責任でもありますが、数学に親しみを持ってもらうために、より具体的な例や、単位を使っていき、皆さんに数学のすばらしさをすこしでもわかっていただきたいと心から思っています。

数学シアター

第3幕　第3場

同じ誕生日の人がいる確率

さあ、あなたの数学感覚はだいぶ鋭くなってきましたか？
では、次の問題は、勘で答えてみてください。

23人のクラス

40人のクラス

57人のクラス

同じクラスに、誕生日の同じ人はどのくらいの確率でいるでしょうか？　366人の集団なら必ず１組はいる勘定になりますが、では23人のクラス、40人のクラス、57人のクラスでは、どのくらいの確率で誕生日の同じ人がいるでしょうか？

第3幕　第3場

舞台裏

1年は365日なのだから、クラスの中に同じ誕生日の人がいる確率は低いと思ってしまいませんでしたか？　ところが計算してみると驚きの結果が出ます。

$$P_n = 1 - d_n$$

同じ誕生日の人がいる確率をPn、n人の誕生日が全部違う確率をdnとします。つまり、1（確率1=100%）からdnを引いた数が同じ誕生日の人がいる確率になります。

たとえば、3人のクラスのとき、誕生日が全部違う確率d_3の出し方は、

$$d_3 = \frac{365}{365} \times \frac{364}{365} \times \frac{363}{365} = 0.9917\cdots\cdots$$

1人　2人　3人

・3人目の人が1人目と2人目と違う確率
・2人目の人が1人目の人と違う確率
・1人目の人が365日のどれかである確率

これを1から引くので、$P_3 = 1 - 0.9917 = 0.0083$となり、同じ誕生日の人がいる確率は0.83%となります。

同じように計算してみると、なんと23人のクラスですでに50%を超え、40人で90%近く、57人にもなれば、ほぼ100%になります。人間の思い込みを打ち破る数学の威力ですね。

答え

23人のクラス　50.7%（$P_{23} = 0.507$）
40人のクラス　89.1%（$P_{40} = 0.891$）
57人のクラス　99.0%（$P_{57} = 0.990$）

「マイナス×マイナス」が「プラス」になる理由

「(−3)×(−2)」の答えが「6」になることは、誰でも学校で教わります。

でも、なぜ「6」になるのでしょうか？　「(−3)」と「(−2)」という負の数同士を掛けると、どうして正の数になるのでしょうか？

「マイナス×マイナスはプラスになると習ったからだよ」と言う方も多いと思いますが、「じゃあなんでそうなるの？」と聞かれたら、ちゃんと答えられる人はそんなに多くないと思います。

数というのは三つに分類できます。すなわち正（プラス）の数、負（マイナス）の数、そしてゼロです。

マイナスの数の概念は、プラスを貯金、マイナスを借金とすれば、比較的理解しやすいですね。

たとえばAさんは○○銀行に一〇〇万円の貯金があるけれども、××銀行には五〇〇万円の借金があるとすると、Aさんの貯金のトータルはマイナス四〇〇万円、つまり四〇〇万円の借金ということになります。

■■■ 数の世界のルールで説明すると

このように、マイナスの数の足し算や引き算については比較的理解しやすいと思います。ところが、先ほどの「マイナス×マイナス＝プラス」ということの証明は、このような具体的な例で説明することはできません。数の世界のルールに頼らざるを得なくなるのです。

たとえば「**3×3＝9**」という式があります。最初の「3」に掛ける数を「3」から1ずつ減らしていくと、

$$3\times3=9$$
$$3\times2=6$$
$$3\times1=3$$
$$3\times0=0$$
$$3\times(-1)=-3$$
$$3\times(-2)=-6$$

というふうに、その積は、3ずつ減っていきます。

次に、「(−3)」に、同じように掛ける数を「3」から1ずつ減らしていきます。

$(-3)\times3=-9$
$(-3)\times2=-6$
$(-3)\times1=-3$
$(-3)\times0=0$
$(-3)\times(-1)=3$
$(-3)\times(-2)=6$
$(-3)\times(-3)=9$

というふうに、積が3ずつ増えていくという前提に立てば、$(-3)\times(-1)=3$、$(-3)\times(-2)=6$となり、積がプラスへと移っていきます。つまり、数の法則のつじつまを合わせると、マイナス×マイナスはプラスになるということになります。また、マイナス×マイナスがプラスとなることを証明するものに、次のような方法もあります。

$0=0$
$1+(-1)=0$
両辺に-1を掛けて、
$(-1)\times\{1+(-1)\}=(-1)\times0$
これを分配法則に則って
展開していくと、
$(-1)\times1+(-1)\times(-1)=0$
両辺に$+1$して、
$+1-1+(-1)\times(-1)=0+1$
ゆえに、
$(-1)\times(-1)=1$

マイナス×マイナスは
プラスとなります。

分配法則というのは、

$$a(b+c)=ab+ac$$

というふうに展開できるというものです。

このように、この分配法則がすべての数a、b、cで成り立つという条件のもとでは、マイナス×マイナスはプラスにならなければいけないのです。

このように、具体的なもので説明するのが難しいのですが、数学の法則のつじつまを合わせるためには、マイナス×マイナスはプラスにならなければならないのです。

数学シアター

第３幕　第４場

インチキの見破り方

数学はペテンやインチキの見破り方においても抜群の力を発揮します。さて、あなたはインチキを見破れますか？

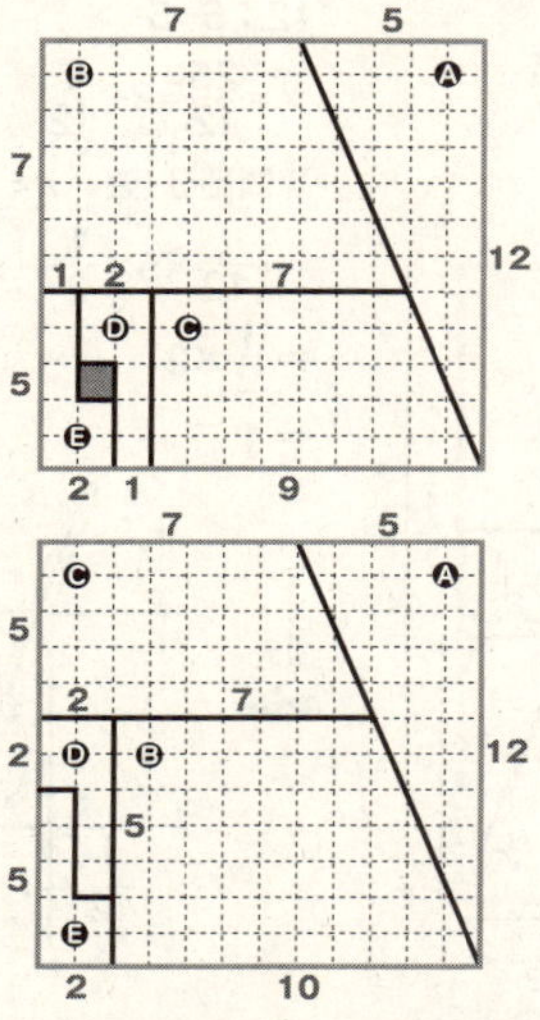

チェック模様の高価な敷物に虫食い穴ができてしまったので、図のように張り替えたら、面積も変わらず、虫食い穴もなくせたというのですが……？　さあ、そのインチキを見破ってください。

舞台裏

みごとに張り合わされているように見えますが、問題は斜めの部分です。斜めの勾配を見ると、Bの斜め部分は $\frac{7}{3}$（2.33……）、Cの斜め部分は $\frac{5}{2}$（2.5）で、Bの斜め部分のほうが勾配がゆるいのです。

そのため、実際には下図のような隙間ができてしまっているのです。

$$12:5=5:x$$
$$x=\frac{25}{12}=2+\frac{1}{12}$$

隙間部分（濃いアミ）の面積

$$=\left(\frac{1}{12}\times5\times\frac{1}{2}+\frac{1}{12}\times7\times\frac{1}{2}\right)\times2$$
$$=\frac{1}{2}\times2$$
$$=1$$

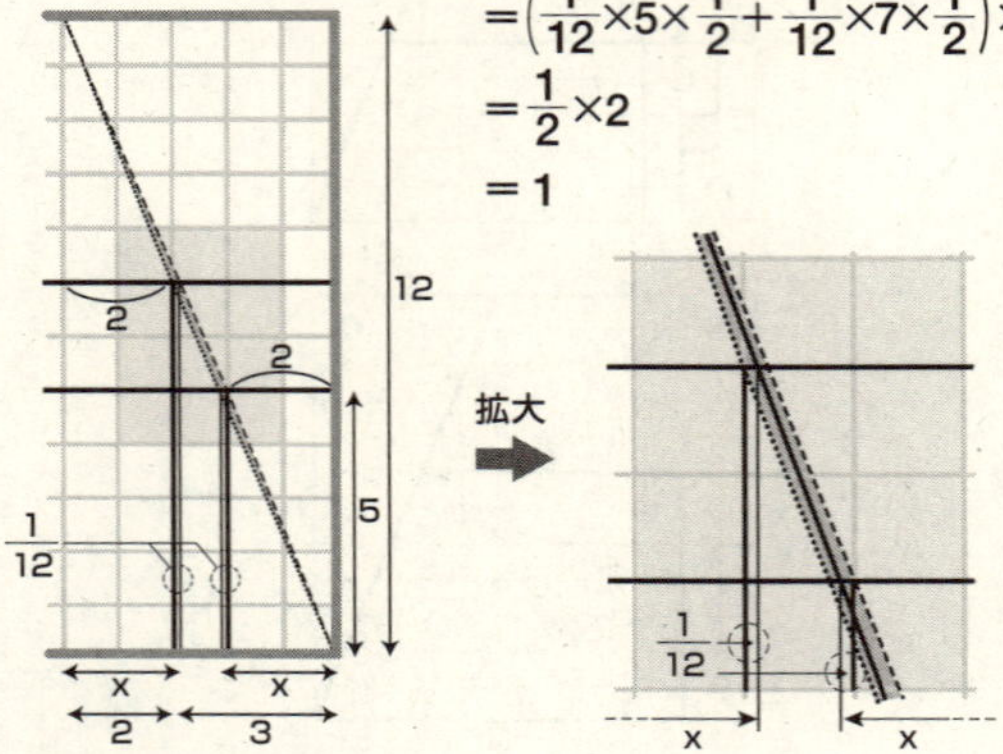

どれくらい隙間ができるか計算すると、

$$\left(\frac{1}{12}\times5\times\frac{1}{2}+\frac{1}{12}\times7\times\frac{1}{2}\right)\times2=1$$

つまりクロ四角分だけ増えているのです。正確な絵を描いてみるとつじつまは合っていることがわかります。

「5×2」と「2×5」は違う！

5×2＝10

という式があります。この式の掛けられる数と掛ける数を逆にしても、

2×5＝10

で答え（積）は同じになります。しかし、その式の意味はまったく違うのです。

たとえば、カップルで映画館に行ったとします。その映画館の座席にはペア席というのがあって、二人で座れるシートが五つあります。その映画館では、五組のカップルはそのペアシートに仲良く座れて、一〇人ともハッピーです。

ところが、別の映画館ではペアシートというものがなく、五人掛けの座席が二つしか空《あ》いていなかったとします。そうすると、同じ一〇席でも、一組のカップルは離れ離れにならなければならず、とても悲しい思いをするでしょう。

このように、掛け算というのは掛ける順番が非常に大切なのです。A×B＝B×Aは当たり前と考えられていますが、実はそうではないのです。

■■■マトリックスで考えると……

これを「行列」（マトリックス）の考え方で見てみると、その違いが歴然とします。

たとえば、AとBを次ページの図のように、異なる数の行列で表してみます。

Aは（1、2、3、4）、Bは（2、3、4、5）という数で構成されています。この行列の掛け算を、行列のルールに基づいてやってみました。

すると、A×Bは（10、13、22、29）という行列になるのに対して、B×Aは、（11、16、19、28）という明らかに違う行列になってきます。

ですから、行列で表すと、A×BとB×Aはまったく違うものであることがわかるのです。

たまたま「5×2」と「2×5」という実数同士を掛けたら同じになりましたが、その意味はまったく別のものなのです。掛け算にとって順序が大切なのです。

すこし変なたとえですが、先ほどのAをXさんが「ズボンを履く」という行為とし

AB≠BAの証明

$(1\times2)+(2\times4)=10$

$(1\times3)+(2\times5)=13$

$$☆\quad \overset{A}{\begin{pmatrix}1 & 2\\3 & 4\end{pmatrix}}\times\overset{B}{\begin{pmatrix}2 & 3\\4 & 5\end{pmatrix}}=\begin{pmatrix}10 & 13\\22 & 29\end{pmatrix}$$

$(3\times2)+(4\times4)=22$

$(3\times3)+(4\times5)=29$

$$☆\quad \overset{B}{\begin{pmatrix}2 & 3\\4 & 5\end{pmatrix}}\times\overset{A}{\begin{pmatrix}1 & 2\\3 & 4\end{pmatrix}}=\begin{pmatrix}11 & 16\\19 & 28\end{pmatrix}$$

$$\overset{AB}{\begin{pmatrix}10 & 13\\22 & 29\end{pmatrix}}\neq\overset{BA}{\begin{pmatrix}11 & 16\\19 & 28\end{pmatrix}}$$

ましょう。そして、Bを「パンツを履く」という行為とします。

すると、A×BはXさんが「パンツを履いて、ズボンを履く」ということですが、B×Aは「ズボンを履いて、パンツを履く」ということになってしまいます。

また、こういうたとえでもできます。Aは「ゴミを捨てる」という行為、Bを「ゴミを掃《は》く」という行為とすると、A×Bは「ゴミを掃いて、ゴミを捨てる」というふうになりますが、B×Aとすると、「ゴミを捨てて、ゴミを掃く」ということになり、つじつまが合わなくなります。

数学の掛け算もこれと同じことです。

順序を違えると、まったく異なったもの

になってしまうのです。

行列はベクトルに作用します。

$A(\vec{x})$

行列の積ABとは、

$AB(\vec{x})=A(B(\vec{x}))$

のことを表します。

つまり、

$AB\neq BA$　というのは、

$AB(\vec{x})\neq BA(\vec{x})$

のことなのです。

$AB(\vec{x})$　　$BA(\vec{x})$

女神に愛された天才数学者ラマヌジャン

数学世界の一番のおもしろさは、審判《しんぱん》がいないことです。強《し》いていえば、ジャッジするのは、数学そのものなのかもしれません。ちょっとした間違いでも、必ずしっぺ返しをしてくるのです。いわば、相手は数字だけという孤独の世界です。

インドの伝説的数学者シュリニヴァーサ・ラマヌジャン（一八八七〜一九二〇）も、たった一人で、黙々と数の世界に入り込み、どんどんルールを見つけて、三二五四個の公式を作っていきました。しかし、彼は、公式を見つけるだけで、ちゃんとした証明はしませんでした。

彼の数学世界は、モーツァルトの音楽の世界に似ていたのではないでしょうか。天才モーツァルトは、おそらく頭の中で一瞬のうちに完成された音楽ができあがっていたに違いありません。ラマヌジャンの頭の中もそれと同じで、こうだからああ、ああだからこうという理屈抜きで、公式ができあがったと思われるのです。頭の中で自分でも理解できないような計算をしたのですから、説明ができないし、説明する必要も感じなかったのです。

もっとも、そういう公式を導き出すには、計算なしではできません。彼は彼なりに計算したのでしょうが、一定のルールに従った説明ができなかったわけです。それでは、論文にはなりません。

■■■ 1から無限大までの和がマイナス12分の1になる?

そういうわけで、彼を理解する人はなかなか現れませんでした。彼の能力を発見したのはケンブリッジ大学のハーディ教授です。ラマヌジャンは、最初、職探しのために、大学宛てに手紙を出しました。その手紙の中に、彼は、「1からすべての自然数を無限大まで足していくとマイナス12分の1になる」という不思議な公式を書いておいたのです。四人の教授のうち、三人までが彼の受け入れを拒否しました。

そのうちの一人などは、ご丁寧に「君は数学がわかっていないようだ。私の本で勉強したまえ」という説教をしたといいます。四人目のハーディ教授も最初は、その手紙をまるめてゴミ箱に捨てたそうです。

ところが、その直後、ハーディ教授はスカッシュをして遊んでいるうちに、気分が

悪くなってきました。わけのわからない公式が気になってきたのです。そこで、ゴミ箱からそれを拾い上げ、先輩にあたるリトルウッド教授に見せたのでした。

　リトルウッド教授は、その公式を見て「ハーディ君、第二のニュートンが現れたよ」と言ったそうです。ハーディ教授は、リトルウッド教授のお墨つきをもらって、ラマヌジャンを正式に招聘《しょうへい》したのです。

　しかし、招聘はしたものの、ハーディ教授にも、この公式の意味がわかりません。円周率を表す公式といわれてなおさら混乱してしまいます。

　証明を求められたラマヌジャンも困りました。彼は、「ナマギーリ女神が現れてきて、舌の上に公式を書いてくれたのです」としか言えなかったのです。多くの数学者はこのことを半分信じています。それほどにラマヌジャンの数学はどこからやってくるのか説明ができなかったのです。彼は、インドの厳しいカースト制度の中で最上位のバラモンでした。貧しくても人々から尊敬を集めていたバラモンの彼は、間違っても人を裏切って嘘をつくようなことはできなかったはずです。

まさに神がかり的に、ラマヌジャンは数学的能力がすぐれていたといえるでしょう。

数学は宇宙共通の言語

たとえば円周率は3・14などと書かれますが、もちろん正確な表記ではなく、このあと数は無限につづいています。つまり割りきれません。できるだけ正確に円の面積や円周を知るためには、学校教育の場でも3・14よりもうすこしだけでも詳しい数を、円周率として教えたほうがいい、せめて3・14159くらいまではと、かねがね思っています。円周率を3として計算してみてください。円は正六角形と同じということになってしまいます。

無限につづく割り切れない数というのはたくさんあります。たとえば正方形の対角線の長さです。第2章でも述べたように、一辺の長さが1の正方形では、対角線の長さは、$\sqrt{2}$＝1・41421356……と無限につづいていきます。

こうしたことを考えていると、なんだか怖くなってきませんか？　正方形を描けばそこには有限に思える対角線があり、閉ざされた有限の世界に見えるのに、その長さを表す数は無限に伸びていくのですから。

しかし、反面、これは人間の能力が試されていると考えることもできます。

たとえば、小学生が使う定規《じょうぎ》で対角線を測ろうとしてみましょう。そうすると、せいぜい1ミリメートルまでの目盛りしかついていないので、この定規では1・4センチメートルまでしか測れません。もうすこし進歩させて、製図屋が使うような定規を使うと、1・41センチメートルまで測れます。

今は、原子まで測れる時代ですから、20桁ぐらいまで測れる定規ができています。そうすると、これからもどんどん進歩して、さらに細かく測れるようになるかもしれません。

つまり、どこまで測れるかは、人類の進歩の具合いと比例していることになるわけです。

■■■ 宇宙人とコンタクトするときは

数学者の藤原正彦《ふじわらまさひこ》さんは、もし宇宙人がいて、彼らと能力を競うとしたら、数学以外にその勝ち負けを判定できるものはないとおっしゃっています。

宇宙科学者カール・セーガンの原作に基づく映画『コンタクト』では、最初、意味のないノイズ（雑音）だと思っていた宇宙からの電波が、じつは2から101までのすべての素数を表していることがわかり、知的生物の存在を確信します。

スピルバーグ監督の『未知との遭遇』では、天から聞こえた音が意味のある五つの音「ラ・シ・ソ・ソ（オクターブ下）・レ」の繰り返しだとわかり、この五音から発展した音楽によって、宇宙人との感動的な意思の疎通が行なわれます。考えてみれば音楽もじつは前述のとおり数でできているといえますから、『コンタクト』の中でジョディ・フォスター演じる女性科学者が、「数は宇宙共通の言葉です」と言うとおり、音楽や数学でなら、いかに文化の違う宇宙人とのコミュニケーションも取れるはずなのです。

もし、数学で通じなければ、そこに来た宇宙人は数という知的文明を持っていないということになります。まして、言葉を持っているとは考えられません。

余談ながら、宇宙人の存在については、いろいろと説の分かれるところですが、これも『コンタクト』の中で、ヒロインの女性科学者が言う、「もし地球人だけだったとしたら、この宇宙（スペース）がもったいない」ということになるでしょう。

せっかく数学という「宇宙語」があるのですから、いつの日か地球以外の知的生物と話のできる日が来ると思っていたほうが、楽しいではありませんか。そのときのためにも、私たちは大いに数学的素養を深めておくことにしましょう。

数学者のリレーがあって今がある

小数点以下無限につづく数の場合、無限の果てまで到達することは不可能です。テクノロジーの進歩によって到達できるのは、あくまで、どうやって細かい目盛りをつける技術を持てたかという職人芸の世界です。

いわば、常に有限の世界でしかありません。したがって、１から無限大までプラスするのも、想像の世界ということになります。それは、一歩ずつ歩いて地平線に到達しようとする行為と同じです。

■■■ 無限を有限としてとらえる

ですから、前出のラマヌジャンの公式も、人間にとっては到達できない意味のない答えだという考え方もできます。

しかし、無限に見える宇宙も、じつは無限ではありません。おさまりがついています。つまり、ラマヌジャンの公式は、理論的に考えるとおさまりがつかない世界におさまりをつけるためのものといえそうです。

このおさまりを追いかける形で、物理学者は理論的なおさまりをつけようとしています。いわば、無限を有限としてとらえようというわけです。おそらく、地上を歩いて地平線にたどり着こうというのではない、はるか天空を飛び越えたルートがあるのだと思います。

ラマヌジャンは、たどり着けないはずの無限にたどり着く列車の切符を手に入れた稀な人というべきなのかもしれません。

このことを考えると、本当の0とか本当の無限とかというものは、簡単にこうだといえないものだとわかってきます。

それを表現するのが「ゼータ関数」というものです。ゼータとは、ギリシャ語のζ（大文字ではZ）のことで、ごくごく簡単にいえば素数の集まりのことです。

ピタゴラスより二世紀ほどあと、ユークリッドが、素数の数は無限であるとの証明を残したことはすでに述べました。

それから二千年もあとの十八世紀になって、オイラーが、素数の逆数の和が無限大になることを示したのが、ゼータという概念の始まりとされています。

オイラーがこの概念に一七八四年にたどり着き、その後、ラマヌジャンはそれを知らないまま十代後半にたどり着いたのです。

この考え方を使った関数が「ゼータ関数」と呼ばれますが、専門的な内容はともかくとして、それが歴史的な難問や暗号の研究に威力を発揮してきたのです。

ラマヌジャンの例の公式、「1からすべての自然数を無限大まで足していくとマイナス12分の1になる」に関しても、ゼータ関数の考え方を使うことで正当化されます。

その証明の仕方は、大変難解なものですが、このようにしてゼータの理論を使うと、無限大というこの世ではない世界に入れるのです。天空を駆け抜ける列車に乗れるわけです。

■■■ 日本の偉大な数学者たち

ラマヌジャンはさらに、ゼータのつながりから新たな定理も発見しました。この新たな定理は、日本人数学者佐藤幹夫《さとうみきお》の貢献の後、一九七四年にフランス人数学者ドリーニュによって証明されました。

このラマヌジャンの功績は、もう一段上のゼータがあることを発見したことです。証明までに約三百五十年を費やした「フェルマーの最終定理」も、ゼータがきっかけで、終点に向かいました。

しかもここにも、日本人が登場してきます。東大の若き数学者、谷山豊《たにやまとよ》が研究した「楕円《だえん》方程式とモジュラーについての理論」が、この難問への貴重な一歩を記したのです。

専門的に言うと、「すべての楕円曲線にはモジュラー形式（保型形式といわれる関数の形式の一種）のゼータが付随する」というもので、「楕円曲線には、不思議なことにゼータ関数がペアでくっつく」という予想をしたのです。

それを谷山の友人志村五郎《しむらごろう》は、「ゼータが楕円曲線を支えているようだ」と表現しました。「すべての楕円曲線にはゼータ関数がくっつく」とも言い換えられるわけです。これが後に「谷山・志村予想」と呼ばれるようになったのです。

この発表のあと、約三十年たってフライという学者が、「谷山・志村予想が正しければ、フェルマー予想も正しい」というさらなる予想を行ない、さらにセールという学者がこの予想を厳密な論文にし、そして二年後、リベットという学者がこのフライ

&セール予想が正しいことを証明します。

そしてそれから十年たたない一九九三年から一九九五年にかけて、プリンストン大学のアンドリュー・ワイルズが、ついに「フェルマーの最終定理」に最終的な結論を提出したのです。

ところが、数学の学説、しかも約三百五十年も解けなかった難問の証明ともなると、本当にそれが正しいのか、判定委員が厳しく審査します。たしかに、センセーションを巻き起こした発表後、しばらくの間、判定が下りず、ワイルズ自身も自分の理論のある部分に欠陥があることに気づいていました。

しかし、そこにもまた日本人が登場するのです。ワイルズは、ある部分の欠陥について思い悩むうち、電光のように日本人数学者岩澤健吉《いわさわけんきち》の理論を思い出します。岩澤理論と自分の説を合わせることによって、その欠陥が克服されたのです。

ここに歴史的な快挙が成し遂げられました。

■■■ 二千五百年の数学知性の結晶

しかし、ここにいたる道のりを見ると、今まで述べたように、オイラーなどによるゼータ関数の登場から、ラマヌジャンの数学、そして谷山・志村の日本人コンビ、その予想を追いかけた幾人もの学者を経て、しかも最後の土壇場《どたんば》で大きな役割を果たした岩澤理論などなど、私はそこに数学者のリレーのようなものを感じるのです。

さかのぼれば、ピタゴラスから数えて、二千五百年の間に培《つちか》われた数学的知性が、積み重なってこの快挙をもたらしたということになるでしょう。

とはいえ、証明されるまで時間がかかりすぎました。

世間からはまったく相手にされず、谷山は自殺、ラマヌジャンは衰弱死という悲惨な最期《さいご》を遂げました。

谷山はもしかしたら、この発見のあと、自分にはもうそれ以上のことはできないと思ったのかもしれません。しかし、私には、彼らは一つの役目を終えて消えていったように思えます。

数学は、世の中を劇的に変えようという学問ではありません。いわば数を使ったゲームのようなものという面が多分にあるでしょう。

しかし、インターネットの暗号のセキュリティシステムには、楕円曲線の理論が使われています。因数分解の難しさは、じつは、開けにくい鍵《かぎ》になって私たちの安全を保証してくれます。

過去の数学者は、それがインターネットに使われるなどとは思わずに、興味のおもむくままに研究していたのでしょうが、それがこうした利用のされ方をしているのです。本当に、世の中はおもしろいものです。

■■■数学は、時代も空間も超越している

谷山・志村予想を証明し、フェルマーの定理の正しさを証明したアンドリュー・ワイルズは、大学院時代を過ごしたケンブリッジ大学の師、コーツ教授に招かれて、古巣での講演会でそれを証明しました。

コーツ教授は、三度のごはんよりも『源氏物語』が好きな人で、日本が、谷山豊や志村五郎や岩澤健吉などのすぐれた数学者を輩出した謎は、源氏物語にあると信じていました。あれこそ、日本文化の神髄《しんずい》であるということのようです。

その真偽はともかくとして、これらの日本人学者がいなかったら、ワイルズは、フェルマーの定理の正しさを証明することはできなかったでしょう。

数学のおもしろさは、こうした積み重ねのうえで成り立っているということです。

いわば、イコールをつないでレールを作り、そのうえでバトンタッチのリレーをしているようなものです。

このように、二千五百年も前の、しかもお互い遠い異国の学者がやったことを、そのまま受け継いでいる世界は、数学にしかないでしょう。時代も空間も超越しているのです。

文学であれ、音楽であれ、芸術というのはあやふやなものです。しかし、数学は絶対の世界であり普遍です。

社会に不正が横行し、ずるいものが勝つこともある世の中で、一人正しく清く、すっくと立っているのが数学です。

私が、数学には絶対的な美しさがあると思うのはこういうわけなのです。

それはたしかに厳しい世界です。数学は、このように休まずたゆまず、壁にぶち当たりながら真理を求めるものです。だからこそ美しく、感動に満ちているのだと私には感じられるのです。

「フェルマーの最終定理」証明までのリレー

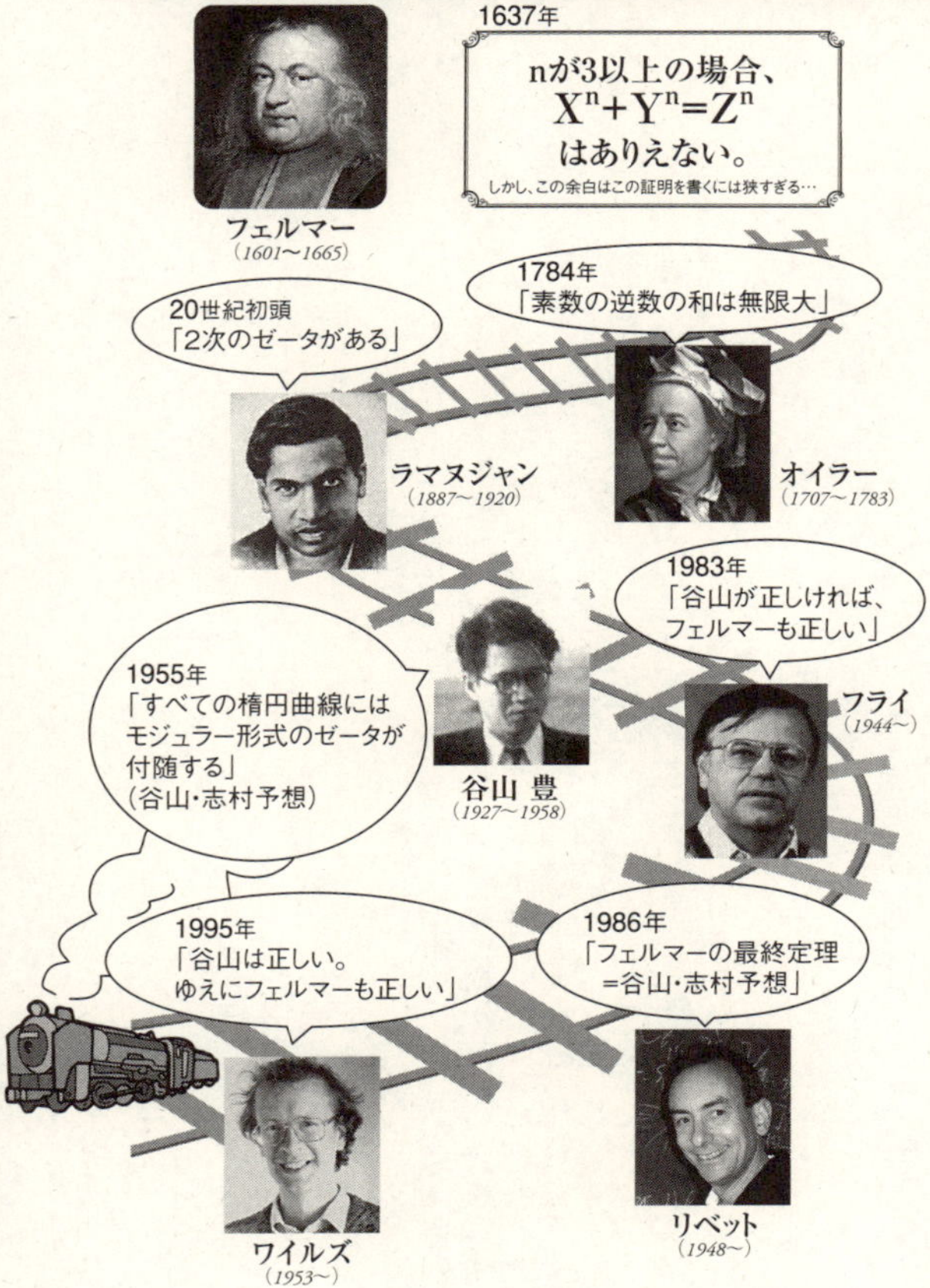
1637年
nが3以上の場合、
$X^n+Y^n=Z^n$
はありえない。
しかし、この余白はこの証明を書くには狭すぎる…
フェルマー
(1601〜1665)
1784年
「素数の逆数の和は無限大」
オイラー
(1707〜1783)
20世紀初頭
「2次のゼータがある」
ラマヌジャン
(1887〜1920)
1955年
「すべての楕円曲線には
モジュラー形式のゼータが
付随する」
(谷山・志村予想)
谷山 豊
(1927〜1958)
1983年
「谷山が正しければ、
フェルマーも正しい」
フライ
(1944〜)
1986年
「フェルマーの最終定理
=谷山・志村予想」
リベット
(1948〜)
1995年
「谷山は正しい。
ゆえにフェルマーも正しい」
ワイルズ
(1953〜)

第４章
数学とは「宇宙」だ!

数学シアター

第４幕　第１場

地球より２メートル大きい天体

地球の地表円周はおよそ40,000キロメートル。その上を１メートルだけ大きい輪を描いて回った円周、つまり地球より直径が２メートル大きい天体の円周は、地球の円周よりどれくらい長いでしょうか？

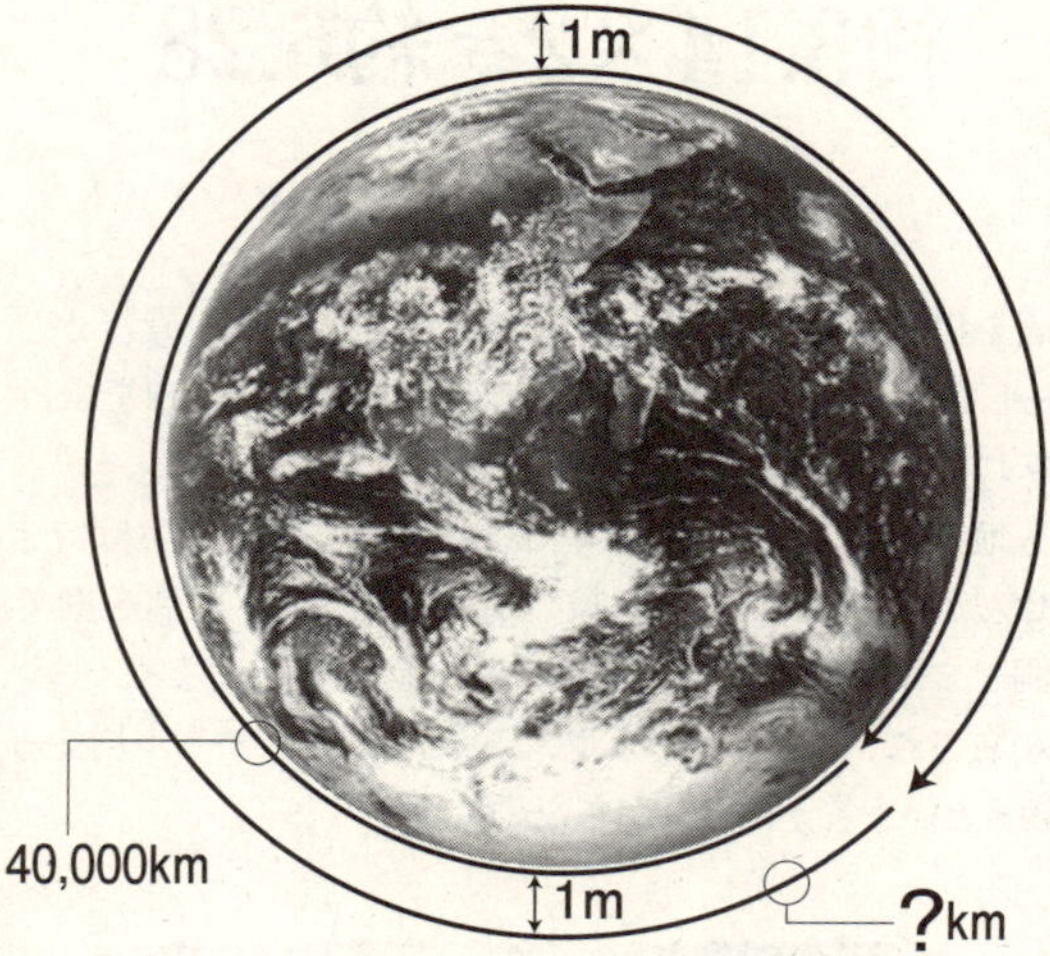

計算しないでざっと勘で答えてみてくださいね。

舞台裏

地球の円周約40,000キロメートルに対してだから、10キロメートルくらい多い？ いやそれではすまないかな？ では100キロメートルくらい？

と考えた方も多いでしょう。

ずばり正しい答えは、なんと6メートルそこそこ増えるだけ！

$$約3.14 \times 2 = 約6.28$$

円周を出す公式から純数学的に考えてみれば、直径が2メートル増えるだけですから、それに円周率約3.14を掛けてみれば一目瞭然です。

誰も地表の1メートル上をぐるっと測るような経験はできませんから、まったく未体験の事柄を推測し、数値を勘で予測しますね。するとどうしても、地球の巨大なイメージに左右され、10キロメートル、いや100キロメートル増えるだろうという答えになりがちなのです。

答え　約6メートル

円は有限なのに、円周率は無限？

私たちはよく、「宇宙は無限である」「無限につづく時間」とか、何気なく「無限」という言葉を口にしていますが、無限とはいったい何ものでしょうか。

辞書では「限界のないこと。無際限。現象の有限的規定（時間性と空間性）を超越し、それらを自己の契機として含む絶対的なもの」と定義されています。

有限に対して無限。

限りなく永遠につづく、無際限……。

なんとなくわかったような、わからないような無限という言葉に、数学的に説明をつけて、無限にポジションを与えたのが、ドイツで活躍した数学者として名高いロシア人のゲオルク・カントール（一八四五〜一九一八）でした。

カントールは「無理数は有理数に比べて圧倒的に多くあるという無限にも大小があること。そして、さらに大きい無限が無限に存在する」という驚きの事実を発見しました。

たとえば、直径1の円形があるとしたら、その円はきちんと閉じて完結しているのだから、円周はいくつになるか、すっきりとした値があってしかるべきです。

しかし円周は3・14159265……と無限につづく無理数で表されるのです、永遠に……。

この円周率が割り切れる数なのかどうかは長年の疑問でしたが、1761年にランベルトによってようやく無理数であることが証明されたのです。

これが「無限」の世界の怖さなのです。

■■■ 無限の世界は別世界

数学を勉強して、無限を知ってみると、なんだかとても怖くなります。

無限とは決して単なる大きな数を示すものではなく、まるで別世界に入り込んでしまうことを示しているのです。

数学に無限を与えられたことによって、次々に新しい世界の扉が開かれていきました。

そして、数々の天才数学者が追求してきたさまざまな数の世界が、まったく別の経

円は有限なのに円周率は無限！

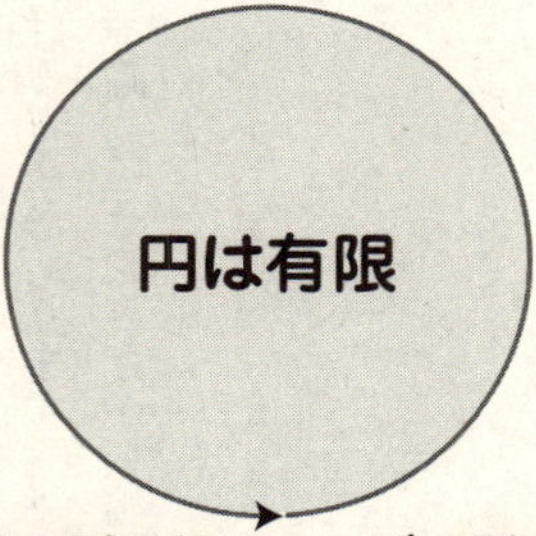

円周率（π）は無限につづく数で表される
3.14159265……

路をたどって結局結びついてしまうことが明らかになりました。

そういう公式はいくつか存在し、その一つが「オイラーの公式」です。

前にあげたものの別な表現として、指数関数と三角関数の間に成り立つ等式で、次のようになります。

> オイラーの公式
> $e^{i\theta}=\cos\theta+i\sin\theta$

目に見えない数の世界には、素数の世界

があったり、複素数の世界があったりします。インドの魔術師と異名をとる天才数学者ラマヌジャンは、「無限の世界に色をつけた」と言い、無限には色があり、無限にはメロディーがあると言うのです。

ここで怪訝《けげん》な顔をされる方が多いと思いますが、無限と有限とを区別するために、色をつける方法があります。

「素粒子論」にそのことが登場してきます。素粒子論については、後の章でもまたお話しします。

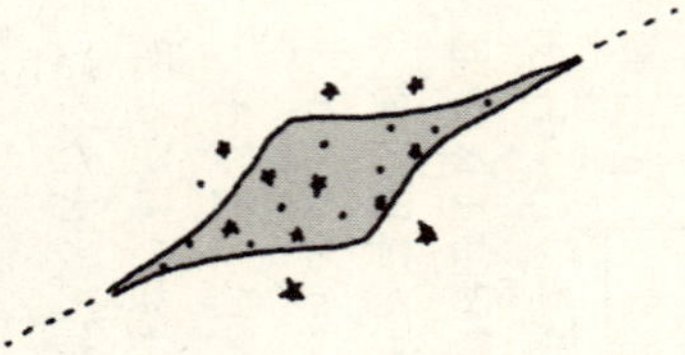

「3」という数字の魔力

0を発見したのは偉大なインド人ですが、日本では0があるのにもかかわらず、自然数は1から始まります。日本以外では自然数は0から始まります。

日本の数学のテキストは自然数が1スタート、日本以外の数学のテキストはほとんどが0スタートです。

なぜ日本だけ1なのかはわかりませんが、論理的に考えていった場合、西洋の場合、近代合理主義でいくと、0からというのは納得のいくところです。

その意味では日本は非合理的といえます。0からスタートすればすっきりするのに0を使おうとしないという点が不思議です。

ビルの1階、2階というのも、イギリスなどではグランドフロア（G階）という0階（日本でいう1階）と表現することはすでにお話ししました。

さて、皆さんは1から10までの数の中で、好きな数を一つ選んでくださいと言われたら、どの数を選びますか？

なぜか3を選ぶ人が圧倒的に多い、という統計があるそうです。ラッキーセブンから7を選ぶ人が多いのではないかと思いますが、実際はそうではないようです。3は人の心を惹きつける不思議な魔力でも持っている数なのでしょうか？

■■■ あちこちに現れる「3」

たしかに、日本ではこの3という数字は言葉のあちこちに現れます。

たとえば鏡。神道《しんとう》的にいうと、カガミというのは神様の写しが私ということで、「彼の身」で、3が入っています。

仕組みは493、弥勒（みろく）は369、神様は〝かみ〟で3です。今でいう数霊《かずだま》でしょうか。とりわけ神道では3がいたるところに入っています。

またキリスト教においても、三位一体《さんみいったい》の3に始まり、さまざまな局面に3は現れます。神道にしろ、キリスト教にしろ、神様に関するものにはなぜか3という数字がちりばめられているようです。

モーツァルトもその一員だったという、西欧の秘密結社フリーメーソンでは、3がことのほか重要視され、モーツァルトの有名な歌劇『魔笛《まてき》』では、三人の童子などいたるところに3が隠されているといわれます。

3は、ものが立つために必要な最低の三点でもあり、また私たちが生きる、この世界は三次元空間です。

三次元といえばトポロジー的空間では、クラインの壺があります。一本のテープをよじって端をつないで8の字を作ったメビウスの輪は、片面に線を描いていくと、知らないうちに裏面にいっているという不思議なものですが、その表と裏のないトポロジー世界の三次元バージョンが、「クラインの壺」といわれるものです。これは四次元空間に実現します。

これは、一つの壺の口をぎゅっと伸ばして、ずっとずっと伸ばしていって、どこか閉局面の一カ所に穴を開けて、ひねって内側と外側が閉じるように閉じる。すると、表かと思うと裏、裏かと思うと表になるというものです。これもまた3にまつわるまか不思議な空間です。

クラインの壺

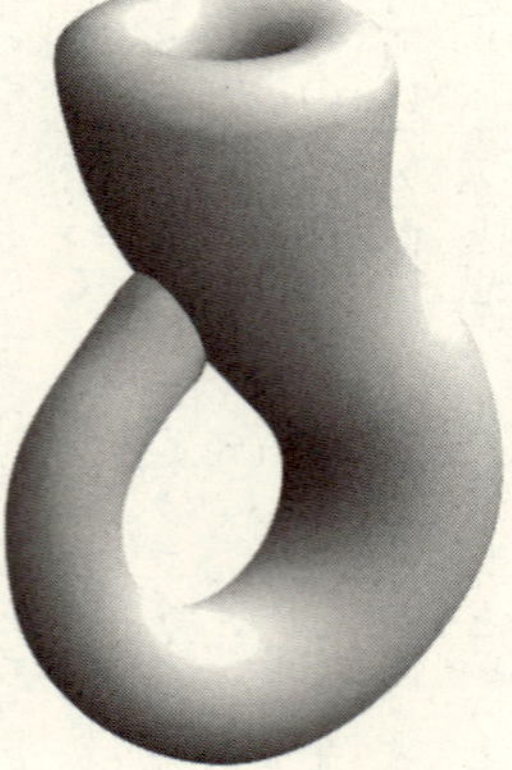

メビウスの輪

数学シアター

第4幕　第2場

パラドックスの謎

パラドックスの中には、有名な古代ギリシャの哲学者ゼノンによる「アキレスは永遠に亀に追いつけない」や「矢は飛ばない」というものがあります。

スタート時点で亀のいた前方の場所にアキレスが着くとき、亀はその分前に進んでいる。その進んだ地点にアキレスが着くとき、また亀は前に進んでいる。こうしてアキレスは永遠に亀に追いつけない。矢が飛ばないというのも同じ理屈です。

これらは、現代数学では詭弁《きべん》として退けられるのですが、どうしてだかわかりますか？

舞台裏

ここではゼノンの「矢は飛ばない」のパラドックスの詭弁をあばいてみましょう。

矢が的《まと》に届くには、的との中間点を必ず通らなければならない。その中間点と的との間にも中間点があり、そこも必ず通らねばならない。これを繰り返すと中間点は無限にあることになり、矢は永遠に的に届かないことになります。

つまりゼノンは、

$$1+\frac{1}{2}+\frac{1}{4}+\frac{1}{8}+\cdots\cdots$$

を無限と考えたわけですが、じつはこの和は、

$$1+\frac{1}{2}+\frac{1}{4}+\frac{1}{8}+\cdots\cdots+\frac{1}{2^{n-1}}=2\left(1-\frac{1}{2^{n}}\right)$$

となります。**nが無限大になるときカッコ内の分数は0に限りなく近づき、全体として限りなく2に収束します。**

つまり、どれだけnが増えていっても全体として2を超えることはない、ということは有限の値ですから、矢はその有限点を通過して的に届くことが導き出されるのです。

銀河系の秘密はらせんにあり

あるとき、命あるものはらせんを作るということに気がつきました。

生きているもの、動いているものということです。人間のＤＮＡはらせんの形をしています。人間の赤ちゃんも生まれるときは産道をらせん状に降りてきます。台風の渦もらせん、植物もらせんの形で葉っぱをつけていきます。

黄金比のところでも触れたように、ヒマワリの頭花も、中心から反対方向に向かう二つのらせんを描きながら次々つけていきます。木の枝分かれの仕方も、１から２になって、３、次が５になり８というふうに成長していきます。すると、枝の分岐が前にお話しした「フィボナッチ数列」、すなわち対数らせんになります。

どうやら、ものは生きている証としてらせんという形を持つようです。

この命イコールらせんという観点から考えていくと、銀河系がらせんを描いているということは、イコール銀河系は生きていると考えていいのではと、ふと思ったわけです。

たしかに宇宙は、銀河系の中心の星から生まれています。

それはお母さんの銀河系です。そしてわれわれの住んでいる銀河系の真ん中にはブラックホールがあります。銀河系は母なる存在で、子ども銀河系をたくさん作り、それから星を吐《は》き出していきます。

それが結果的に渦巻き状、らせんの状態に配置されていくのです。

■■■ 宇宙は数でできている

ところで、らせん、渦の向きについておもしろい説があります。右回りはエネルギーを取り入れ、左回りはエネルギーを放出するというものです。たとえば米をとぐとき、左回りでとぐと邪気を取り、右回りにするとエネルギーが入るなどといわれているようです。

しかし、先ほどのフィボナッチ数列によってできるらせんのでき方に、右、左は関係ありません。

フィボナッチ数列というのは、黄金比のところでも触れたように、十三世紀に数学

銀河もらせんを描いている

者レオナルド・フィボナッチが考えた数列で、隣り合う数列間の和が次の項の値に等しくなり、そしてその隣り合う項の比が約1・618、つまり黄金比に限りなく近づいていくというものです。

そしてこの黄金比は不思議なことに、パルテノン神殿やピラミッドだけではなく、私たちの身近な自然の世界のあらゆる部分に見られることも、すでにお話ししました。たとえば人間の体を作るさまざまな部位の関係が、黄金比を示すことも見てきました。

人間は自然の中に生まれ落ちて自然のまま生きていますが、この世界が数でできていることに気づいていないかもしれません。宇宙は数でできています。究極の真理を追い求めること、自分はどこから来たのか、それは誰もわかりません。

けれども今ある自分の存在のルーツを知るということに関して、数学の場合はそれをたどることができるのです。どこまでもたどっていけるのです。

たどり着いたところにインフィニティ（無限）という壁があり、また新たな旅に出るというように、ルーツをどんどん追い求めることができるのです。

テレポーテーションは夢じゃない！

子どものころ、「ドラえもん」のどこでもドアが欲しいと思ったことはありませんか？

そんなことはテレビの中のお話にすぎないと思いますか？

じつは、どこでもドアはまだ先の話ですが、科学は確実にそこに近づいています。

実際、人類は二十一世紀に入る前にすでに新たなステージに突入していたのです。

一九九八年、日本の企業が量子テレポーテーションの実験に成功しました。

具体的には光のテレポーテーションで、このとき移動したのは光です。光子フォトンを瞬間的に、タイムラグなしに、A地点からB地点へ移すことに成功しました。

これは情報のテレポーテーションです。光ファイバーを使ってはいますが、そこを通っていくのではない、電波でも光でもなく、移動している最中をとらえることはできないのです。まるであの世を通っているようなものです。

■■■ 量子力学の論理

量子テレポーテーションを可能にした理論は量子力学です。

量子力学の根本にあるのは、あらゆる物体は電子群として「確率」で存在しているという論理で、日本に導入したのは物理学者の仁科芳雄《にしなよしお》です。

これは、あるものが確実に存在しているというイメージを描くこと（描像）をしないという考え方です。

量子力学は、これまでの素朴実在論（実在、リアリティーを100％疑わないこと）に対して、100％あるということは「ありえない」とする理論です。

すると、量子力学が生まれた瞬間に、確固たる実在というものはないということになります。それは99・999％の確率でここにあるけれども、0・001％の確率で別のところにあってもおかしくない、という理論です。しかし1では決してないというところが重要な点です。ここで「絶対」という言葉がなくなるわけですから。

かつて、光は粒か波かという論争がありました。粒であって波であるはずがない。それはありえないことだと思っていたわけですが、それがありうるのが量子力学の世

量子テレポーテーションの原理

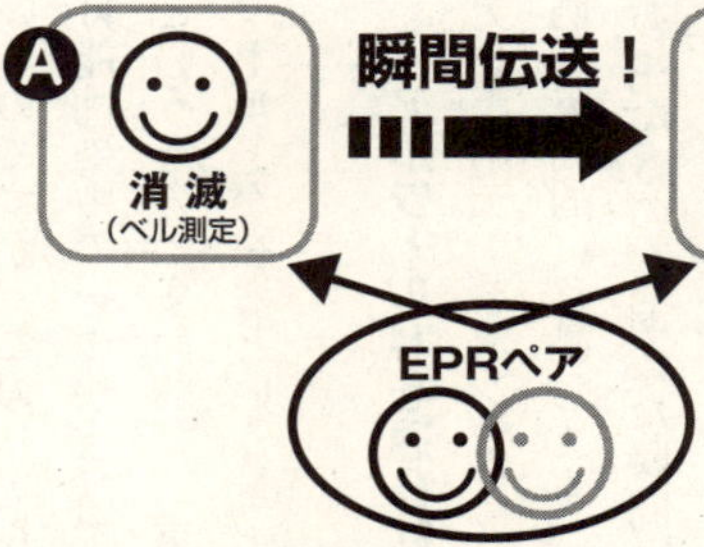

量子的に絡み合った状態（EPRペア）を用いてテレポートできる。Aは送りたい粒子とEPRペアの一方をベル測定で消滅させ、その結果をBに知らせ、Bはそれにしたがって EPRペアのもう一方をユニタリ変換すると出現する。

界です。

つまり粒でもあり波でもあり、粒でもなく波でもない、それが量子というものです。

見えない波動がリアリティーを作り出す根源、陰で存在を支える張本人であるわけですが、この縁の下の力持ちは見えないものです。見えない世界が、見える世界を作っているという、自然の二重構造の考え方がここにも見られます。

波はたくさんの波を重ね合わせて波になっています。したがってこの今、見えている世界というのは、おびただしく重なる波と同じくたくさんの可能性を内在しています。

見えない波動の中では、「私」が右に行くことと左に行くことという可能性を両方持っているのですが、このリアルワールドでどちらかが選択されるのです。

その可能性の中の一つが、リアルワールドに出現するというわけです。

実体というものは多面的で二重構造を持っている、リアルワールドの背後にイマジナリーワールドが在《あ》るという量子力学の考え方が、数学によって表現されています。

■■■ リアルワールドを通らないで移動

量子テレポーテーションでは、Aの側にあった情報が、リアルワールドを通過せずにBの側へ瞬間的に移動します。

Aにあったものが消えた瞬間にBに出現します。量子は重なる波動関数ψ（プサイ）によって表現されます。

したがって、A地点とB地点を光の橋（EPRペア＝量子的に絡み合った状態）でリンクを作っておき、関係を持たせておきます。

今はまだ仕掛けが必要ですが、そうすることで情報を瞬間移送できます。

しかし、その仕掛けの中を「通る」わけではありません。

量子テレポーテーションが、インターネットや光ファイバーでの情報のやりとりと大きく異なる点はそこです。中を通っていないということです。

たとえばブロードバンドの場合、大きなデータを伝送するとき時間がかかります。しかし量子テレポーテーションの場合は、大きな量の情報でも瞬間的に移動、途中で仕掛けに触れると情報は壊れてしまうので盗聴も不可、そして電子がないのでエネルギーの無駄遣いがありません。

近い将来、量子テレポーテーションが発展して量子コンピューターが出現し、やがては完全な人工知能が生まれ、そのときには本物のドラえもんに会えるかもしれません。

数学の謎と宇宙の謎はリンクする

数学者のやっていることは、このリアルワールドとは違う次元の、要は空想上の世界のこと、というふうに物理学者は思っている傾向がありました。

それにひきかえ、自分たちは、この実体のある宇宙を扱っているんだというのが、彼らの言い分でした。

ところが、物理学者は徐々に「君たちは君たちのことをやっていろ」と言っているわけにはいかなくなってきたのです。物理学者が純粋に追い求めた素粒子論の世界で、整数論や素数の理論がどうしても必要だということがわかってきたからです。

では、一緒にやろうということになって、一九九〇年代にそういう劇的な数学と物理の結婚がばたばたと起き、宇宙の謎が、数の謎と深いところでリンクしていることが明らかになりました。

■■■ 宇宙の始まりは素粒子

素粒子論では、物質は触れられるものの世界からどんどん細かい原子へと、原子は素粒子へと、というのがこの物質世界の論理です。これはじつは宇宙論とも結びついています。

アインシュタインの相対性理論によって、宇宙はもともとても小さなものが爆発して、こんなに大きくなったということがわかっています。

ということは最初、この宇宙の始まりに素粒子ほどの大きさの時代があったということです。それは今から百三十七億年前のことです。

宇宙の年齢は百三十七億年と判明しました。もっとも百三十七億年という時間も、数学の女神から見ると大した数とはいえません。数学の世界は無限を相手にしているからです。

百三十七億年前の宇宙の大きさは、どのくらいでしょうか。「スーパーストリングセオリー」（超弦理論）によると、それは10のマイナス33乗センチメートルです。百三十七億年前に10のマイナス33乗センチメートルの宇宙があったわけです。

10のマイナス33乗センチメートルとは、いったいどんな大きさなのか、人間の想像を絶する小ささとしか、言いようがありません。

この超弦理論とは、10のマイナス33乗センチメートルの世界を記述する理論で、物質の究極の要素は粒子ではなく弦（ストリング）であるとするものです。

素粒子はストリング、超空間を振動する弦のようなものだとしています。バイオリンが弦の振動の仕方によっていろいろな音が聞こえるように、物質もまた弦の振動（モード）が変わるとその物質が違って見えるというものです。

その弦が10のマイナス33乗センチメートル、すなわちそれが最初の宇宙の大きさだったというわけです。

その最初の弦が、10のマイナス44乗秒間というきわめて短い時間存在して、そのときの宇宙の次元が10次元だったという話があるのですが、それを説明するときに使われるのが素数とつながったゼータ関数の計算です。素数がみごとに素粒子論の宇宙論にリンクしていることがわかってきたのです。

■■■ 物理学も数の理論と同じフィールドに

結局、具象のフィールドにあるはずの物理学も突き詰めていくと数の世界、触れる世界ではないところまでいってしまい、抽象の世界へ入っていくのです。

宇宙を前にして、物理学はその法則を説明するときに、量に対して数が対応することで数学が必要となってきたのです。

また、物理学の「不確定性原理」は、ある側面をずっと見ていくと、もう一つの側面がぼやけてくるというものです。つまり、実体というのは非常に多面的で二重構造を持っているというもので、ある意味、自然の本性であるともいえます。

そして、このリアルワールドの背後にイマジナリーワールドがあるということもまた、量子力学、数学でみごとに表現されるのです。

しかも、ここでもまた大活躍するのがオイラーの公式（$e^{i\pi}+1=0$）です。オイラーのこの美しい公式は、われわれの存在の根源を支えてくれています。

花に潜む森羅万象

なぜ人は花を美しいと思うのでしょうか？　花が私たちと同じように生きているからでしょうか。

私たちが宇宙の法則を刷り込まれているように、花もまたその法則に従って生きているという、その命の在り方を無意識のうちに感じてしまうからなのかもしれません。

生きているものはらせんを描くと述べました。花や葉っぱもそうです。

たとえば、真夏に咲き誇るヒマワリを見ると、らせんを描いて種（頭花）をつけていきます。

それは約１３７・５度の黄金角（３６０度を黄金分割した角度）で、正確に種をつけていきます。一つがついて、その約１３７・５度のところに次のものがつき、そして数千個の種（頭花）をつけます。

そうしていくと最後には、最高の密度にバランスよくつくことになります。

ヒマワリは黄金の花

角度の黄金比=約137.5度：約222.5度
=1：約1.618

種子は約137.5度の黄金角で配列され、
反対方向へ向かう2つのらせんを描く。

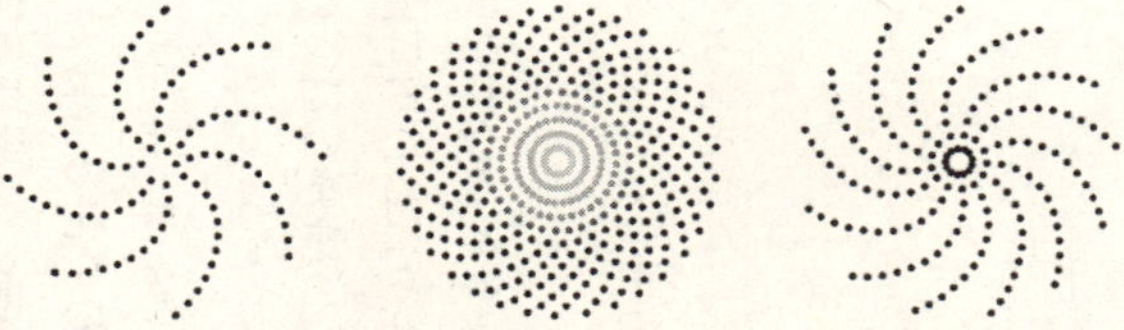

136度　137.5度　138度

黄金角以外の角度で種子を配列すると、
無駄な空間が生じてしまう！

このそれぞれのらせんを90度内側と比較したときの直径の比率は、前述したように約1・618（黄金比）になります。ヒマワリは本当に「黄金」の花なのです。

また、葉っぱのつき方もらせんを描くと述べましたが、それは1、2、3、5、8と成長していきます。

それを葉序《ようじょ》といいますが、これもフィボナッチ数列となっています。

葉序はもちろん、太陽の光をバランスよく、効率よく受けるためにらせんについているのですが、自然の摂理とらせんの論理がぴったりと重なり合うという、不思議な現象です。

森羅万象のいたるところに、このらせんと黄金比は見ることができます。

それは、もはや偶然とはいえない現象だと思わずにはいられません。

宇宙のすべてを知る脅威の数πの世界

一七六〇年代、ロシアの首都に、こんな看板が掲《かか》げられた研究所ができました。

$$e^{i\pi}+1=0$$

そうです。第２章でもすこしだけ触れた「オイラーの公式」です。

スイス生まれの数学者オイラーは、その晩年、ロシア帝国の首都・サンクトペテルブルグでエカテリーナ二世に寵愛《ちょうあい》されます。エカテリーナ二世が、オイラーをその庇《ひ》護《ご》のもとに置いて研究所を作ったとき、彼はこの公式を掲げたといわれています。

数の世界で宇宙を作っている両巨頭は、ｅ（ネイピア数）とπ（円周率）です。

ネイピア数とは、対数の発見者ネイピアの名をとって自然対数の底２・７１８２８……を表します。ｅとは、オイラー Euler の頭文字です。πはもちろん円周率で３・

1415926535……。

じつは、数学的にはこの二つが宇宙の大本《おおもと》になる基本の数だといえるのです。その理由はこれからお話ししますが、物理学の場合にはこれに光のスピードcが入ります。ですから物理学まで視野に入れた宇宙の根本は、eとπとcの三つでできているというわけです。

■■■ eもπも絶対的な存在の「超越数」

さて、重要人物eとπの二人は、性質がとても似ています。

まず、eもπも「超越数」といわれるものです。超越数というのは、簡単にいえばお母さんのいない数です。ほかの数から産み落とされた子どもの数ではないのです。

たとえば、$\sqrt{2}$は一見eやπと似ていますが、超越数ではありません。代数的な数であり、$X^2=2$という方程式があり、その解の一つが$\sqrt{2}$です。

ではπはというと、そのような方程式があり、その解にはならないのです。完全孤立して絶対的な存在としてπは在るのです。これは、一八八二年リンデマンが証明しています。πはすべての方程式を超越しているのです。eも同じ超越数です。

ｉはリアルナンバーに対してイマジナリーナンバー、「虚数《きょすう》」といわれます。普通の数は「実数」、簡単に言うと目に見える数です。虚数というのは目に見えない数、想像上の数ということでイマジナリーナンバーというふうにしたのです。

この想像上の数が、二つの巨頭の間にあるというのがオイラーの公式です。

ｅとπの仲立ちをｉがしてくれると、それがとたんに目に見える数に移行します。

ｉが二人の仲立ちをしてくれているように見えませんか？　それから１という数はすべての基本になる数、０は五千年前にインドで発見されたものです。

ｅとπ、目に見えないｉ、目に見える１と０。この五人の役者が舞台に立っている、音楽的にいえばハーモニーを奏でているわけです。

これがオイラーの公式です。数の世界のハーモニーを、ここまでみごとに簡潔に、これだけの記号と数字で見せてくれるものはほかにはありません。

本当にこの公式は、この世界の中でもっとも美しい公式なのです。

■■■ πの中にモナリザも源氏物語もある！

さて、超越数πとは、その本質は何ものでしょうか？

たとえば円周率を3・1に近い3にしてしまうと、円は六角形になってしまいます。円周率を約3にするということは、円は約六角形であるということになるのです。

逆に言うと3・14159265……には、六角形を無限の多角形にする力があるのです。0・14159265……があるおかげで、八角形を超え、一〇二四角形を超え、無限多角形に、つまり無限の美、究極の円を作り出す力が、この小数点以下にはあるのです。

また、πのこの小数点以下の数は、無限であることが証明されています。

今、この世界に存在するあらゆる芸術作品、源氏物語、聖書、音符も、有限な規則性がありますから、デジタル信号に換えることができます。

モーツァルトやベートーベンの楽曲も、モナリザなどの美術品も、あるいはこれから書かれるだろう未来も、デジタル情報としてすべて数の列に置き換えることができます。

すると、その置き換えられた数の羅列は、すべて、無限につづくπの数列のどこかに必ず入るだろうと考えられています。

たとえば、あなたの誕生日から、電話番号、クレジットカード番号、保険証番号、運転免許証番号、パスポート番号ばかりか、携帯電話に登録されている知人の番号全部など、あなたに関するあらゆる数を全部ひとつなぎにして何万桁の数になろうが、それと寸分たがわぬ「あなた情報」が、そっくりそのまま、このπの中には含まれているだろうということです。

簡単な例でいうと、一九七八年四月十八日生まれの人だったら、その数列は１９７８０４１８になります。これが、πの中にはそっくりそのまま入っているのです。そして、このあとにあなたに関する情報の数列をどれだけ並べても、その並べた数がそっくりそのままπの中には入っているだろうということです。

実際に探し出せることを、講演会でのパフォーマンスで見せたこともありますが、それにはπの数列をできるだけ多く入れられる、コンピューターが必要です。その講演会では、普通のパソコンしか使えませんでしたので、電話番号と生年月日を連ねたものとか、桁数の少ないものしかできませんでしたが、それでも瞬時に該当データが表出され、会場はどよめきに包まれました。

ですから、もし、『源氏物語』をデジタル信号に換え、数列に換えたとしたら、その何億桁になるかわからない膨大な数列も、そっくりそのままひとつづきで、πの中に入っているだろうということになります。

■■■ π はすべてを知っている⁉

π も $\sqrt{2}$ も無理数ですが、π はすべてを知っている数かもしれないのです。無限に続く π の小数点以下の部分に、どんな有限数列も含んでいるという意味です。このような数を万能数といいます。π は万能数であろうと予想されているのです。

それは、数としての格の違いといえばいいでしょうか。見てわかるように π にはいろいろな姿があります。π は計算をするためのものではないのです。

π はこういう素顔をしているんだよという絵です。まさにこれは見るものなのです。計算するためには、計算するための別の公式があります。

π にはたくさんの公式があっていろいろな顔を持っていて、数学者は π のいろいろな素顔をあばき出してきたわけです。

しかし、それでも π はビクリともしません、無限にあるのですから。

π の中にはこの世の秘密がすべて入っているのかもしれません。そして、かつてある数学者が言ったように、π を求めることは宇宙を探索することでもあるのです。

πの公式美術館

$$\frac{\pi}{4}=1-\frac{1}{3}+\frac{1}{5}-\frac{1}{7}+\frac{1}{9}-\frac{1}{11}+\frac{1}{13}-\cdots$$

マダヴァの公式（1410年）

$$\frac{\pi}{2}=\frac{2\cdot2\cdot4\cdot4\cdot6\cdot6\cdot8\cdot8\cdots}{1\cdot3\cdot3\cdot5\cdot5\cdot7\cdot7\cdot9\cdots}$$

ウォリスの公式（1655年）

$$\pi=3\sqrt{1+\frac{1^2}{3\cdot4}+\frac{1^2\cdot2^2}{3\cdot4\cdot5\cdot6}+\frac{1^2\cdot2^2\cdot3^2}{3\cdot4\cdot5\cdot6\cdot7\cdot8}+\cdots}$$

建部賢弘の公式（1722年）

$$\pi=\cfrac{1}{\frac{2\sqrt{2}}{9801}\sum_{n=0}^{\infty}\frac{(4n)!}{\{(4^n)\cdot(n!)\}^4}\cdot\frac{26390n+1103}{99^{4n}}}$$

ラマヌジャンの公式（1914年）

円周率／小数点以下2000桁

3.14

15926535 8979323846 2643383279 5028841971 6939937510
5820974944 5923078164 0628620899 8628034825 3421170679
8214808651 3282306647 0938446095 5058223172 5359408128
4811174502 8410270193 8521105559 6446229489 5493038196
4428810975 6659334461 2847564823 3786783165 2712019091
4564856692 3460348610 4543266482 1339360726 0249141273
7245870066 0631558817 4881520920 9628292540 9171536436
7892590360 0113305305 4882046652 1384146951 9415116094
3305727036 5759591953 0921861173 8193261179 3105118548
0744623799 6274956735 1885752724 8912279381 8301194912
9833673362 4406566430 8602139494 6395224737 1907021798
6094370277 0539217176 2931767523 8467481846 7669405132
0005681271 4526356082 7785771342 7577896091 7363717872
1468440901 2249534301 4654958537 1050792279 6892589235
4201995611 2129021960 8640344181 5981362977 4771309960
5187072113 4999999837 2978049951 0597317328 1609631859
5024459455 3469083026 4252230825 3344685035 2619311881
7101000313 7838752886 5875332083 8142061717 7669147303
5982534904 2875546873 1159562863 8823537875 9375195778
1857780532 1712268066 1300192787 6611195909 2164201989

3809525720 1065485863 2788659361 5338182796 8230301952
0353018529 6899577362 2599413891 2497217752 8347913151
5574857242 4541506959 5082953311 6861727855 8890750983
8175463746 4939319255 0604009277 0167113900 9848824012
8583616035 6370766010 4710181942 9555961989 4676783744
9448255379 7747268471 0404753464 6208046684 2590694912
9331367702 8989152104 7521620569 6602405803 8150193511
2533824300 3558764024 7496473263 9141992726 0426992279
6782354781 6360093417 2164121992 4586315030 2861829745
5570674983 8505494588 5869269956 9092721079 7509302955
3211653449 8720275596 0236480665 4991198818 3479775356
6369807426 5425278625 5181841757 4672890977 7727938000
8164706001 6145249192 1732172147 7235014144 1973568548
1613611573 5255213347 5741849468 4385233239 0739414333
4547762416 8625189835 6948556209 9219222184 2725502542
5688767179 0494601653 4668049886 2723279178 6085784383
8279679766 8145410095 3883786360 9506800642 2512520511
7392984896 0841284886 2694560424 1965285022 2106611863
0674427862 2039194945 0471237137 8696095636 4371917287
4677646575 7396241389 0865832645 9958133904 7802759009

第5章
数学とは「夢」だ!

数学シアター

第5幕　第1場

日常にある数学

数学とはまったく無縁だった20代の女性が、私の話を聞いて俄然《がぜん》目覚め、下のような問題を作ってきてくれました。

$$(3\times1)+(7\times3)+(3\times2)+(2\times1)+(6\times1)=\boxed{\text{dream}}$$

だとしたら

$$(2\times3)+(6\times3)+(6\times2)+(4\times1)+(7\times3)+(2\times1)+(8\times1)+(8\times2)+(5\times3)+(2\times1)+(8\times1)+(4\times3)+(6\times3)+(6\times2)=\boxed{}$$

無味乾燥に見えるこの数式の中に、あなたの生活の身近で、活躍している「数学」があるのです。

さて、どんな法則が、ここから発見されるでしょうか？

この本をここまで読まれてきた皆さんなら、この数式から何らかの法則を発見するだけの数学センスが、もう身についているはずですよ。

第5幕　第1場

舞台裏

上の図を見れば一目瞭然。「なーんだ」と、いっぱい食わされたような気になる人もいるかもしれません。そうです。これはあなたが毎日使っている携帯電話の文字盤です。

dream という文字を作り出した数式は、この文字盤の、どこを何回押すかの暗号だったのです。その原則さえわかれば、問題の数式は **congratulation**、「おめでとう」を表していることがわかります。

敵に絶対わからないようにと編み出される暗号文の制作や解読に、数学は絶大な威力を発揮してきました。ここでも数学の実学的有用性が強調されているんですね。

数学者の夢を砕いた「不完全性定理」

今まで見てきたように、数学者たちが追い求めた世界は、ロジカルコンシステンシーという論理的整合性のとれた世界で、それはこのうえなく美しく、一つも矛盾《むじゅん》のない完全無欠な数学の世界のことです。

その美しい世界は、数学者たちにとっての桃源郷《とうげんきょう》でもあり、その世界を築き上げることに、多くの数学者たちが、長い年月を費やしてきました。

それは、人間が宇宙の法則によって誕生してからずっと、追い求めてきた世界なのかもしれません。いわゆる四大文明が誕生するとともに、数学が誕生したといわれていますが、すべてにおいて白黒がはっきりさせられるという桃源郷を追求することが、世界の数学者たちの最大の夢だったのです。

十七世紀のニュートン、十八世紀のオイラーらによって考え出された微分積分学は、十九世紀に入りコーシーらによってその土台固めが行なわれることになり、やがてカントールやデデキントらの集合論というより抽象度の高い議論につながっていきました。

しかし、その集合論の中にもパラドックスが発見されてしまい、数学の土台の研究はいっそう拍車がかかっていったのです。

そして二十世紀初頭、数学基礎論、数理論理学といった数字それ自体を研究する数学が活発になっていきました。

とくにヒルベルトという数学者は、数学の無矛盾性を証明することを大きな夢としていました。

■■■ 幻となった数学者たちの桃源郷

ところが、このヒルベルトの夢に対して「待った!」をかけ、数学者の夢を根底から崩してしまうような論文が、一九三一年に発表されました。

それが、チェコスロヴァキア生まれの数理論理学者ゲーデル(一九〇六〜一九七八)の「不完全性定理」です。

その論文は世界に大きな衝撃を与え、論文発表のニュースは全世界を駆け巡りました。数学界ばかりか科学の世界に大きなショックを与えることになったのです。

数学の土台の完璧さを証明しようというヒルベルトの夢に対して、ゲーデルの「不完全性定理」は「数学はその完璧さ（無矛盾性）を証明することはできない」ということを証明してしまったのです。

正しいのに証明できないことがあるというのです。私たちの論理的思考には限界があることをゲーデルの「不完全性定理」は教えてくれたのです。

ゲーデルの「不完全性定理」は、二つに分けて論議されています。

第一の不完全性定理は、「いかなる論理体系においても、その論理体系によって作られる論理式の中には、証明することも反証《はんしょう》することもできないものが存在する」。

そして、第二の不完全性定理は、「いかなる論理体系でも無矛盾であるとき、その無矛盾性をその体系の公理系だけでは証明できない」。

これは、論理で築き上げた世界を、さらに上の論理の世界で説明するもので、これを「超数学」ともいいます。

数学は、論理の世界の言葉メタランゲージ（前言語）を使って説明しようとするものですが、「超数学」では、さらにその上のメタランゲージ、つまりメタの上のメタ、メタメタランゲージ（前々言語）を使って論理する世界です。

なかなか理解するのが困難になってきましたが、ちょっと乱暴な言い方をすれば、それまでオセロゲームのように白と黒しかないと思われた世界に、白か黒かはっきり証明できないものがある、ということを証明したのです。

このようにして、論理的に実証されていたかのように見えた数学者たちの桃源郷は、ゲーデルの「不完全性定理」によって破られ、音を立てて崩れてしまったかのように思われました。しかし、ゲーデルの理論はやはり厳密な数学理論なのです。なぜなら、合理的思考の限界、言葉の世界の構造の深い理解は彼の数学によってもたらされたわけですから。

ちなみに、ゲーデルと並ぶ論理学者ゲンツェン（一九〇九～一九四五）は「不完全性定理」の壁を乗り越え、自然数論の無矛盾性証明（自然数世界が桃源郷であること）を成し遂げたのです。

「ドラえもん」はアインシュタインだった！

数学はロマンだ、夢だと、何回か繰り返し述べてきましたが、それを身近に実感させてくれるのが、マンガの『ドラえもん』だと思っています。

一九六九年に小学館『よいこ』の連載から始まって、時代が移り変わった今でも、子どもたちの夢を創造していくパワーは一向に衰えるところを知りません。

ドラえもんの四次元ポケットから、次々に出される道具には、数学者が追い求めるような夢とロマンがぎっしり詰まっています。

私がはじめてドラえもんの魅力を知ったのは、高校一年生のときでした。

あまのじゃくだった私は、子ども向けのマンガだと思い『ドラえもん』には見向きもせず、一度も読んだことがありませんでした。

ところが、高校一年生のとき、偶然、弟の部屋にあった『ドラえもん』を暇つぶしに読み、それはもう大変なカルチャーショックを受けました。

私はちょっとませた子で、中学生のときにアインシュタインの「相対性理論」を知り、高校一年生のときには、ある程度理解するまでになっていました。『ドラえもん』は単なるマンガではなく、アインシュタインの「相対性理論」にも、量子力学にも基づいたサイエンスストーリーだったのです。

『ドラえもん』の作者の藤子・F・不二雄先生は、しっかりとアインシュタイン理論のエッセンスを詰め込みながら、数学者以上の豊かなアイディアを生かしてドラえもんの世界を創り出していました。

だからこそ、子どもばかりではなく、大人にも楽しめるドラえもんの世界が時代を超えて、広がっていくのだと思います。

それ以来、『ドラえもん』のすばらしさに魅了された私は、数学の楽しさ、物理の楽しさを知るためにも、大人も子どもも『ドラえもん』を読んでほしいと言いつづけています。

■■■ 相対性理論を使ったドラえもんの道具

とくに、『ドラえもん』の数学的なすばらしさは、「時間」に関するドラえもんの道具の中に見ることができます。

それはまるでアインシュタインの「相対性理論」そのもので、たびたび登場するタイムマシンはもちろんですが、私が一番驚かされたのは、てんとう虫コミックスシリーズ（小学館）第三四巻に登場する「タイムライト」という道具でした。

藤子・F・不二雄先生は、時の流れをマンガで見せた、世界で最初の人だったと思います。時間の無駄遣いをしているのび太君に対して、ドラえもんは「タイムライト」を取り出し、「のび太君、見てごらん」とスイッチを押します。

のび太君はゴオゴオと流れる時間を見せられて腰を抜かし、過ぎ去った時間が二度と戻らないことを教えてもらうのです。こうした道具が無数に登場する『ドラえもん』は、まさに数学の手引書としてばかりではなく、教えるという一面においても、本当にすばらしいものだと痛感させられます。

実際に第二五巻では、複雑なアインシュタインの「相対性理論」について、スネ夫君が語るシーンが描かれていますが、その説明がじつに明解で、しかも正確に語っているのが、本当に愉快なほどです。ぜひチャンスがあったら読んでみることをおすすめします。

また、二十二世紀からやって来たドラえもんは、のび太君の教育係という使命を与えられていますが、ドラえもんは決してのび太君を叱《しか》ることはありません。「ドラえもーん」と泣きつかれるたびに、お助け道具を取り出し、短い時間と短い言葉を使って、きちんと未来の科学を説明するのです。しかもどんなにすばらしい道具であっても、身勝手な使い方をすれば、とんでもないことになることも、教えてくれています。

これはまさに、現代社会にとっても教訓となることではないでしょうか。

邪悪な心で最先端のテクノロジーを使ったら、どうなってしまうのでしょうか。『ドラえもん』は、そんな社会への警鐘《けいしょう》であるのかもしれません。

紙を一〇〇回折った高さは太陽を超える？

数学のすばらしさの一つは、その世界を学びたい、知りたいと思ったときに、特別な実験道具も設備も必要としないということです。好奇心さえあれば、いつでも身近にある紙と鉛筆を使って、手軽に数学の世界を楽しむことができます。

それは老若男女を問わず、子どもからお年寄りまで、いろいろな楽しみ方ができます。

つい先日も、某テレビ番組で「紙を四三回折れば、月まで届く」ということを実験していましたが、紙を一〇〇回折れば、もう太陽までの距離を超えてしまいます。

なぜなら、一枚の紙の厚さを〇・〇八ミリメートルの一般的なコピー用紙として計算してみると、一回折ると〇・一六ミリメートルで厚さは元の紙の二倍になり、さらにもう一回折ると厚みは四倍の〇・三二ミリメートルとなり、これをずっと根気よくつづけて四三回折ると、その時点での紙の厚みはおよそ三八万キロメートルにも達し、月まで到達する厚みとなります。

さらに、そのまま折りつづけていけば、一〇〇回も折らないうちに、軽く太陽までの距離を超してしまうことになります。

これを数学的に表してみると、一回折ると2の1乗で二倍になり、二回折ると2の2乗で四倍になり、n回では2のn乗になるという指数を示しています。

最初は小さな数だったものが、回を重ねるごとに爆発的に大きな数になって、ついには常軌《じょうき》を逸《いっ》して想像もできないような巨大な数字になることが実感できるはずです。

それが指数のおもしろさ、数学のおもしろさなのです。

■■■ 数学の力を借りて空想の世界を広げる

実際には、紙を折っていくのには限界があり、通常のコピー用紙では六回程度しか折ることができないのがわかるはずです。それでも実際に折ってみることで、現実の世界では無理だということを体験し、数学の力を借りることで空想上の世界が広がっていくことがわかるのです。

数学を楽しむ方法はいろいろあると思いますが、私は今、ぜひ小学生のお子さんとその保護者の方に参加してもらう、算数教室を開きたいと思っています。

子どもたちに算数を教える場合、お父さん、お母さんにも一緒に学んでもらい、だんだん目の色が変わっていく姿を、子どもたちに見せてほしいと思うからです。お父さん、お母さんが算数を楽しみ、おもしろがっていく様子ほど、どんなに教えるのが上手な教師よりも、これに勝《まさ》るものはありえないのではないでしょうか。

江戸時代のすばらしき「和算」

数学を楽しむといえば、江戸時代の日本でも大いにその風潮が盛んになりました。それが「和算《わさん》」です。

日本の数学は中国の影響を受けていますが、鎖国《さこく》をしていた江戸時代に独自に発展を遂げ、ついに「和算」という形で庶民の暮らしの中で開花することになります。

江戸時代の「和算」の優秀さについて、あまり知られてはいませんが、西洋で微分・積分が発見されたのと同時期に、日本でも関孝和《せきたかかず》（一六四〇頃～一七〇八）という数学者によって発見されていたほどです。

和算は、そろばんと算木《さんぎ》という道具を使いますが、生活の中から誕生し、土木工事や暦の計算などといった実用面だけではなく、道楽、趣味としても楽しまれていました。

その痕跡を残すのが「算額《さんがく》」という風習です。普段はそれぞれの仕事を持っている和算愛好家や和算家たちが、いろいろな数学の問題に挑戦し、問題が解けたことを絵《え》馬《ま》に書いて、それを神社や仏閣に奉納して感謝していたのです。

残念ながら、そのすぐれた日本の伝統ともいえる「和算」は、明治維新後に施行された「学制」によって姿を消し、西洋数学を用いた教育によって、近代国家体制へと急いでしまったのです。

江戸時代に作られた有名な算数の問題集に『塵劫記《じんこうき》』というものがあります。江戸初期の和算家・吉田光由《よしだみつよし》（一五九八～一六七二）が書いた、絵入りの和算の本です。

江戸時代の和算には茶道や日本舞踊のように何々家、何々流というような流派がありました。当時、和算の技術は秘伝伝承だったのです。

したがって、入門した者以外にはその流派の数学の解法を絶対に教えてはいけないというルールがありました。数学の解法はそれ自体が私《わたくし》のものとされ、家のものとして代々伝承されました。

このことから、いかに数学の解法が尊《とうと》いものだったかがわかるかと思います。

この和算で代表的なものとしては、関孝和の関流があります。関孝和は円周率を小数点以下11桁まで正確に出しています。

ところで、なぜ門外不出の秘伝としたのでしょうか？　私利的な利益を生むため、実用的な利益を求めて秘伝とされていたのでしょうか？

じつは、そこが和算のすごいところなのですが、そういう目的はまったくなかったのです。数学の解法を発見するということは、ダイヤモンドの原石を掘り当てることに似ています。一人の鉱夫が山の中に分け入ってダイヤモンドの原石を掘り出す、そしてそれを加工して美しくする。その美しくなったダイヤモンドを私のものにしたいと思う。

それは実利を得るためではなく、この崇高《すうこう》な美を所有したいという衝動です。数学も同じで、努力して見つけた秘宝を誰にも教えたくないという、ただそれだけのものなのです。こうした、数学への思いの深さは、世界的に見ても非常に珍しいことです。

■■■江戸時代、数学は娯楽だった

たしかに江戸時代、江戸幕府のブレーンの中にあって灌漑《かんがい》工事を関流が担当し、数学を社会のために役に立ててはいました。

土木工事や暦の作成にも役立てられていましたし、また商人たちは高度な計算を使っていました。しかしこの時代、数学は圧倒的に娯楽だったのです。一言で言うなら、それは趣味でした。日本中が和算に興《きょう》じていました。

そして、ある問題を必死になって解いたとき、その喜びは神仏に向けられ、最後には神のご加護があってこの問題が解けたのですという意味で神様に感謝しました。これが「算額奉納」です。

また美しい問題を作ったときにも奉納しました。「遺題《いだい》継承」といいます。問題を出し、解いて算額を掲《かか》げ、算額を掲げた人はまた新しい問題を作ってまた掲げ、とそれを繰り返していくのです。

こうして、地域のコミュニティーである神社に奉納することで、同時にパブリックに提示するというシステムになっていました。

問題を作ることと問題を解くこと、数学はこの二つがセットです。江戸時代はそのセットがシステム化され、「算額奉納」「遺題継承」という絶妙なかたちで、百姓の子どもから大名まで、皆が参加してやっていました。

鼠算《ねずみざん》、連立方程式の鶴亀算、旅人算《たびびとざん》、油分け算、幾何の図形の問題で、面積や体積、長さを求める問題など、実生活に根ざした問題にはすべて、それを使う人々に応じた題名がついています。

■■■ 筆算は関孝和の発明

この和算の特徴は縦書き、漢数字を使う点です（江戸後期には洋数字も使われます）。つまり、洋算《ようざん》とは完全に記法が異なるのです。

文章で書くのですが、関の最大の発明は筆算《ひっさん》です。それまでは和算はそろばんと算《さん》盤《ばん》（算木を並べ計算するための盤）を使っていました。それをなしにして、紙の上だけでやる計算方法を作ったのが関です。

当初、筆を使ったので筆算と呼ばれました。書きながら計算する、この発明のおかげで、紙と鉛筆があれば子どもからお年寄りまでレベルに応じて、0から9までの数字を使うだけで非常に高度な知的遊戯ができるようになったわけです。

しかし二百年つづいた和算は、その後、明治時代に洋算が制度として導入されて廃《すた》れていきます。海外の説明書等を読み解くうえで洋算が必要となったからです。

江戸時代、みんながこの知的な遊びをやっていました。それは人生の喜び、生きる喜びでもありました。日本人ほど数学を愛した国民はいないと思います。私たちには、そのDNAが間違いなく受け継がれているはずです。

数学シアター

第5幕　第2場

和算に挑戦①・木の高さを測る法

江戸時代の和算に挑戦してみましょう。木の高さを問う問題です。昔の人だと侮《あなど》るなかれ。さてあなたは、この古人に勝てるか？

（『塵劫記』より　和算研究所・佐藤健一氏所蔵）

鼻紙を四角に折りて、又すみとすみと折りて、下のすみに小石をかみよりにて吊り、さげて紙のすみすみのかねのあふところにて見るべし。さているところより木の根までけんざをにてうちてみる時に、七間あり。これいだけを三尺くわえる時に、木のながさを七間半といふなり。

舞台裏

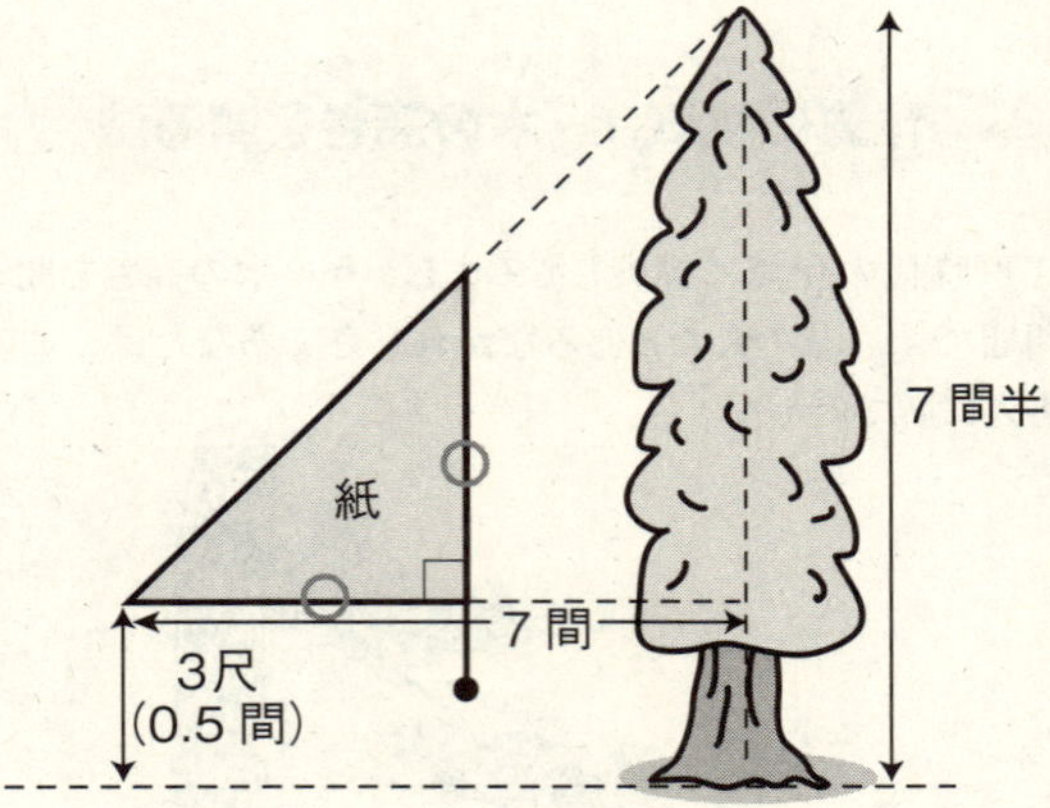

鼻紙というところが、いかにも江戸の人らしくてほほえましいですね。しかしやっていることは、現代の測量技師に遜《そん》色《しょく》ありません。紙を折って直角二等辺三角形を作り、その直角をはさむ辺の 1 つに、錘《おもり》をたらすところなど、まさに最新の測量器具のようです。
そして、トランシットを覗《のぞ》くように、三角形の長辺の延長上に木の頂上が来るよう、位置を移動します。そして、人のいるところから木まで距離を測り（7 間）、そこに測った人の目の高さ（3 尺＝0.5 間）を加えて、7 間半と答えを導き出しています。

数学シアター

第5幕　第3場

和算に挑戦②・絹盗人の分け前計算

（『塵劫記』より　和算研究所・佐藤健一氏所蔵）

さるぬす人、橋の下にて、ぬのをわけて取ると、はしのうへにてとをりあわせてきけば、人ことにぬの十二たんずつわくれば、十二たんあまる。また人ことに十四たんずつわくれば六たんたらずというなり。このぬすひとの数、布数はなにほどと問う。

つまり、12ずつ分ければ12あまり、14ずつ分けると6足りなくなるという、人の数と物の数を問いかけています。さて、わかりますか？

舞台裏

この問題、連立二次方程式を立てればすぐ解決してしまうのですが、ここは鶴亀算よろしく、当時と同じように考え方重視でいってみましょう。

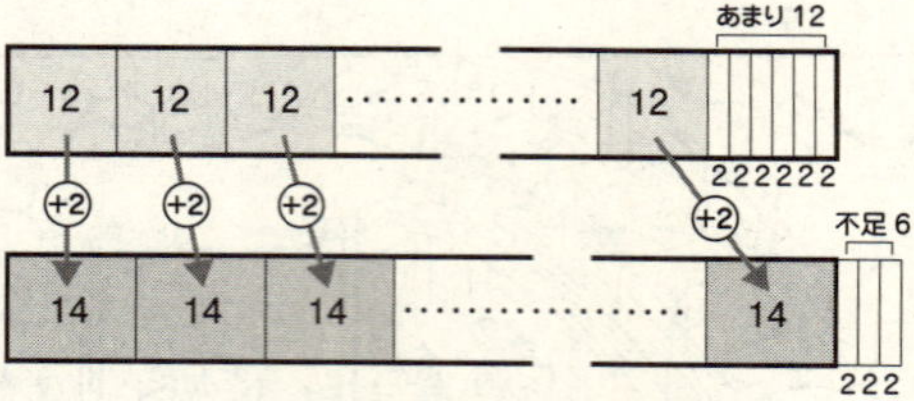

12反ずつ配ると12反あまる。14反ずつ配ると６反不足。２反ずつ増やした最後の人で６反不足したのだから、12反ずつ配ったときのあまりと足した18反を２反で割った９人が盗人の数。12反を９人に配って12反あまったので、絹の総数は12×９＋12＝120反。

最初の条件は12反があまり、次の条件は６反足りません。この差12－（－6）＝18は、12反から14反に分け前を増やした増加分２反分×人数分に等しく、ゆえに盗人の人数は18÷2＝9（人）となります。
盗人が9人とわかれば、盗んだ布は12反ずつ配って12反あまったのですから､12×9＋12(反)＝120(反)とわかります。

答え　盗人9人、120反

数学シアター

第5幕　第4場

和算に挑戦③・俵積の俵数を計算する

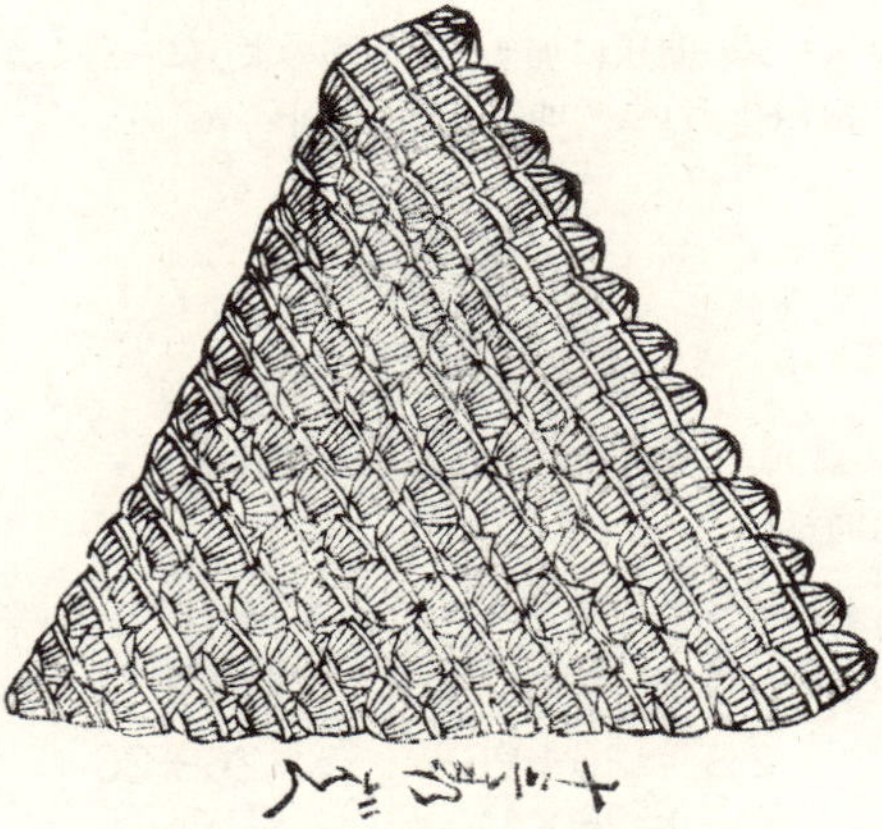

（『塵劫記』より　和算研究所・佐藤健一氏所蔵）

図のように俵を杉の形に積み上げる。一番上が一俵で、一番下に十三俵あるとき、その積まれた俵の総数を求めよ。

舞台裏

さっそく答え合わせをしましょう。

$$
\begin{aligned}
S &= 1+2+\cdot\cdot\cdot\cdot 12+13 \\
+)\ S &= 13+12+\cdot\cdot\cdot\cdot 2+1 \\
\hline
2S &= 14+14+\cdot\cdot\cdot\cdot 14+14 \\
&= 14\times 13 \\
S &= (1+13)\times 13\div 2 = 91\ (\text{俵})
\end{aligned}
$$

そうです。ガウスの計算と同じですね。

また前ページの問題に加えて、下図のように一番上が8俵、一番下が18俵のときも問われています。

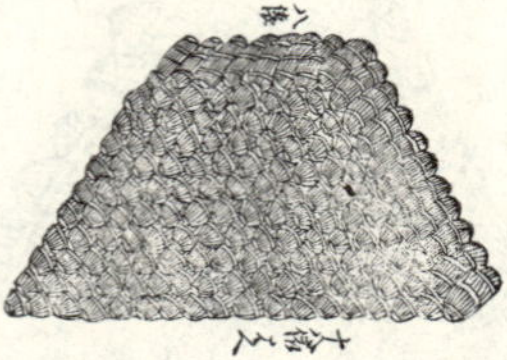

これも同様に、

$$
\begin{aligned}
S &= 8+9+\cdot\cdot\cdot\cdot 17+18 \\
+)\ S &= 18+17+\cdot\cdot\cdot\cdot 9+8 \\
\hline
2S &= 26+26+\cdot\cdot\cdot\cdot 26+26 \\
&= 26\times 11 \\
S &= (8+18)\times(18-8+1)\div 2 \\
&= 143\ (\text{俵})
\end{aligned}
$$

となります。

答え　91俵

人間の脳は無限である

最近よく、「脳年齢」という言葉を耳にするようになり、脳年齢をチェックできるところがあったり、脳ドックを行なっている病院もかなり増えています。また、脳を鍛え若返らせるゲームソフトまで登場し、あっというまに話題となってヒット商品ランキングの上位に登場しています。これほどまでに「脳」というものへの関心が高まったことは驚きです。

脳は認知・学習・記憶・思考・言語・自由意志・情動・理性・感性などをコントロールする機能を持っています。

生物物理学や知覚心理学では、ウェーバー&フェヒナーの法則といって、「感覚の強さ（Y）は刺激の強さ（X）の対数に比例する（Y=klog〈X/X_0〉）、kは定数、X_0は刺激閾値《いきち》」という法則を生み出しました。

人間の感覚は、たとえば目をつぶって手のひらに塩を載せていったとき、あるところまでは重みの増加を感じませんが、「ある重量を過ぎると増加を感じるというように、必ずしも刺激量に単純に比例した反応をしません。その関係を研究したところ、感覚の大きさは刺激量の対数に比例するというように、対数が登場してきたのです。脳細胞も、きわめて精緻《せいち》な宇宙の法則によって働いているのですから、脳が生み出す言葉というのは、当然そこから滲《にじ》み出てくるものです。とすると、必然的にその言葉と、その宇宙の真実は、人間を介してつながっているのではないでしょうか。

もちろんこれは誰も確認をしたことがない仮説ですが、そう理解するしかないような場面に遭遇することがあります。

つまり、人間の脳は非常に精緻に、文学や芸術など言葉にできないようなスピリチュアルな世界とつながっていて、それを感じ取って脳の知られざる場所に情報が伝わることで、やがて言葉や芸術という、目に見える世界に表現されているのではないか、という考え方です。

■■■ 宇宙の果てまで何年で行ける?

聞いた話ですが、屋久島《やくしま》に樹齢何千年という屋久杉で彫刻をしている職人がいて、その職人が、あるとき訪ねてきた客に、「今、この世界で一番速いものは何でしょう」と聞いてきました。

客が、「それは結局、光とか素粒子とかいうものじゃないですか」と言うと、「じゃあ、光は宇宙の果てまで何年でいけますか」とさらに聞いてきます。

客は面倒になって、「よく何万光年って言うくらいだから、光でも何万年もかかるんじゃないですか」と言いました。

すると、その職人さんは、「ええ？　そんなにかかるんですか。もっともっと速いものがあるんですが、知ってますか」と妙なことを言い始めました。

なんとなく哲学的な会話になってきて、客も真剣に耳を傾けます。すると職人は、「銀河系の果てでも、宇宙の果てでも、一瞬で行けるものがあります。ほら、もう行ってしまった。それは人間の想像力です」

と答えたのだそうです。

前に素粒子論の発達で、テレポーテーションが可能になった話をしました。それとは次元の違う話ですが、スピリチュアルな世界とも通じるところがある興味深い話ではないでしょうか。

■■■　朽ち果てることのない永遠の真理

さらに、数学の世界でいえば、前にも紹介したπの中に宇宙のすべてがあるといった考え方がこれに通じるものがあります。

チュドノフスキーという数学者は、そういう世界を真面目に探求しようとしています。

πの謎を解くということは、簡単にいえば「π占い」ができるということです。コンピューターに必要な条件を入力するだけで、その人のIDナンバーが見つかり、その後ろにはその後の人生までが書かれてあるわけです。

πの中から何かを生み出そうというそんな信じられないことに、チュドノフスキーはチャレンジしているのです。

πの中には無数に芸術作品が入っており、アートは無尽蔵に生み出されるわけです。

そういうπという存在は、私たちの人生にしても、アートの作品にしても、どこに何が隠されているのかは、まだ何一つわかったわけではありません。

ただ、あるということの存在証明をしてくれるだけで、私は大いに意味があるのではないかと思っています。

リアルワールドでは、当然時間が流れていますから、芸術作品もいつかは朽ち果ててしまいますが、数学の真理は時間軸を超えて存在するので、永遠に朽ち果てることはありません。

つまり計算の旅をして、途中の経路は無視して終着駅に着いても、それは大切な意味を見落としていることになります。どういう経路をたどって終着駅にいたったかというプロセスが、重要となってくるのです。

実際にパリまで旅をしたと考えてみても、飛行機の窓から眺めた雲海や、降り立った空港内での人々の様子や天気まで、全部含めて旅が成り立っているわけで、決してパンフレットに載っているエッフェル塔を見ても、パリを旅した気分にはならないはずです。

パリまでの道のりに起こったことや感じたこと、それらの要素が相まって、楽しい旅の思い出となり私たちの脳に記憶されていくのです。

数学による宇宙の真理探検も、それと同じようなことがいえるでしょう。

占星術・流体力学・軍事が数学の源泉

ここまで高度に発達した数学も、その源泉を調べていくと、占星術、流体力学、軍事という三つのキーワードが浮かび上がってきます。

最初のキーワードである占星術は、現代の占星術のように、個人の未来や悩みに対する答えを占いに頼ろうというものではありません。それはもっと政治や生活に不可欠な、神の警告を聞くといった意味合いのものでした。

古代における占星術というのは、太陽や月や惑星の位置の変化に直接結びついていて、日食や月食のサイクルを知り、惑星の動きや月の満ち欠けなどを観察することで、天空で起こっているさまざまな現象を知ろうとすることが大切だったのです。いつ、どこで、どういうことが起こったのかを詳《つまび》らかにして、次に起こるべき現象を察知する必要がありました。

なぜならば、天に現れるさまざまな現象は、天空を支配する神の警告だと信じられており、地上で施政《しせい》する者たちは、その警告を必死になって知ろうとしていたからです。

国の政治を左右し、国家的な決定もすべて占星術で行なわれてきました。できるだけ高い確率で神の啓示を受けなければ、国が滅びてしまう危険性さえあったわけです。

そういう考え方は広く世界に広まっていて、インドでも中国でも、また日本でも同じように見ることができます。

二つ目のキーワードは流体力学ですが、それはもちろん、人間が移動する手段として重要な役割を果たしていました。外の世界へ出て行くためには、海を渡り、川を下り、そして湖を渡らなければなりません。また、自然現象の法則を数字で知るためにも、流体力学はなくてはならない必須の科学だったのです。

■■■ 身を守る最終的な術を数学に求める人類

そして最後のキーワードは、人類の飽くなき野望の表れともいえる、軍事という言葉です。自分たちの欲望のままに国と国が争うことになれば、いかに大砲を遠くまで飛ばすことができるか、いかに大量殺戮《さつりく》兵器を作ることができるか、このテクノロジーとエンジニアが結びつく、数学の世界が重要になってきます。

事実、コンピューターが開発されたのは、ミサイルなどを標的にいかに命中させるかという、弾道計算のためだったといいます。インターネットの発展も、第二次世界大戦後の冷戦時代に、ワシントンD.C.に集中していた情報を核兵器などの攻撃から守るため、情報の分散を目的として、アメリカが作り上げたネットワークだったのです。

数学の発展に、少なからず軍事的な背景があることを、少々残念に思いますが、こうした抜き差しならない事情があったからこそ、これらのテクノロジーが急激に発展を遂げたことも、まぎれもない事実なのです。

生きるか死ぬかという瀬戸際《せとぎわ》に立たされたとき、人間はすべて数学の世界に解決策を求めてきました。数学という言語を通じて自分たちの意思決定をし、外敵から身を守る術《すべ》を学んでいったのです。

テクノロジーとエンジニアが結びついたとき、われわれ人類が道を踏み外すことがないよう、心から祈るばかりです。

数学の最大の存在理由

数学はとても純粋で、際立った美しさのある言語ですが、非常に好き嫌いがはっきり分かれてしまうのも、また数学の世界です。

歴史的に見た数学の起源については、占星術や流体力学、軍事といったものが考えられましたが、では、そうした数学の今日に及ぶ最大の存在理由は何でしょうか。

すでに、数学の起源としてあげられた要素だけではくくれなくなった現代文明の中で、数学は何のために貢献できるのでしょうか。

人間の思考の、もっともピュアでソフィスティケートされた論理体系が数学であって、そこには絶対的な永遠の真理を求めるというカッコよさがあり、私はそういうところに数学の魅力を感じています。

今の世の中の動きは、どんどん価値観が多様化する方向に向いています。多様化した価値観により、お互いに真実だと思っていることが、じつは食い違っているということも起こってきます。ある人にとってそれが正しい方法と思われることでも、別の人にとっては決して正しくない方法だということもあるのです。

大きく観点を広げ、国家というレベルで置き換えて考えてみると、文化相対主義ではありませんが、戦争が起きたときに、お互いに違った文化論を持つ国同士の場合は、いっぽうの国にとっては神の名のもとに起こった聖戦で、大義名分のもとに起こした戦争であったとしても、いっぽうの国から見れば、どうしても侵略戦争としか理解されない場合があります。固有の文化や価値観を背景に持つ民族間では、当然考えられるすれ違いです。

テレビ時代劇の「鬼平犯科帳《おにへいはんかちょう》」や「大岡越前《おおおかえちぜん》」などを観ていると、まったくの勧善《かんぜん》懲悪《ちょうあく》で善を勧《すす》めて、悪を懲《こ》らしめているように見えるのですが、見方によれば善と悪の区別はがらりと変わってくる場合も出てきます。

■■■数学には本物しか存在しない

ところが数学で真実とされるものは、国を越えて、時代を超えて、誰が見ても、どんな見方をしても、本当に本物だけにしか、永遠に生きつづける長いレール、不滅のイコールという名誉は与えてもらえないのです。

数学の世界では、何百ページにもわたる論文であっても、たった一箇所だけミスがあれば、その論文の全体の評価は一瞬にしてゼロになってしまうのです。

数学では、絶対的に正しいか、正しくないかという、絶対的な本物しか存在しないからです。それが私にとっては、とても心地よい論理の世界だと思えるのです。

その絶対的な本物しか存在しないということが、数学の存在理由なのかもしれません。

そして、そうした数学的真理の追求こそが、とりもなおさず、あらゆる思考、考えるということの基本、原型であることは間違いないでしょう。

私たちは、数学の美しさや、楽しさや、意外さや、深さ、強さなど、もろもろの感動を通して、神が人間だけに与えてくれた「考える」という能力を、これからもさらに大切にしていかなければならないと思います。

懸賞金つき今世紀最大の難問！

さて、この本の最後に、現代数学の行き着いた未解決の問題をあげておきましょう。

「ミレニアム懸賞問題」といって、二〇〇〇年五月、アメリカのクレイ数学研究所が懸賞金つきの数学未解決問題を発表したのです。

我こそはと思う数学マニアは、ぜひ挑戦してみてください。

挑戦するまではいかなくても、今、数学の世界ではこんなことが問題になっているという、最先端の数学世界に触れることができます。その問題の重要性や、表す意味がわかるわからないは別にして、ざっと見てみることにしましょう。

1 P＝NP問題

計算量に関する最大の難問です。数学の問題を解くのにかかる時間と、その答えの確認をするのにかかる時間には違いがあるかないかという問題です。

2　ホッジ予想

「任意の非特異射影多様体に対し、そのホッジサイクルは常に代数的サイクルである」という予想。

3　ポアンカレ予想

「単連結な三次元閉多様体は三次元球面に同相である」という予想。

一九〇四年に、フランスの数学者アンリ・ポアンカレによって提出されました。

4　リーマン予想

現代数学でもっとも有名かつ難問です。これは素数分布の謎と深く関わっています。

5　ヤン・ミルズ理論とmass gap

物質の根源（素粒子）を数学的に厳密に説明できるかという問題です。

6 ナヴィエ・ストークス方程式とsmoothness

流体力学のナヴィエ・ストークス方程式の解に関する問題。天気予報のもとになる方程式なので、この問題が解けると天気予報の精度が高くなることが期待されます。

7 バーチとスウィナートン・ダイアーの予想

楕円曲線に関する有理数解の問題です。

まず、これらの問題の重要性などを理解、解説できたとしたら、あなたの現代数学の実力は一流だといえるでしょう。

さらに、解けたら賞金一〇〇万ドル。期限なしということですが、それだけ難問中の難問ということです。

百年かかっても解けない問題は、数学の世界ではざらにあります。

一九〇〇年パリで開催された第2回国際数学者会議において、数学者ヒルベルトは二三題の問題を発表しました。

以来数学者は、この問題の解決を一つの目標に取り組むことになりました。はたして二十世紀の数学は、この問題によって牽引《けんいん》されたといっていいほどに発展しました。それから一世紀、二〇〇〇年に発表されたのがこの七題の問題でした。二千年以上にのぼる数学の歴史は、問題を作り、問題を解き、また新しい問題を考え出し、そしてそれに挑戦することの繰り返しだったといえるでしょう。

その現代最先端にある代表問題がこの七題といえます。問題の意味すらわからないということは、それだけ数学が発展した証でもあるのです。

数学は常に発展しつづけています。そして高度な領域に到達しているかにみえます。

しかしながらこれらの問題は、どれもきわめて根源的であるともいえるものです。数学の発展とは、今までも常に、より根源にせまることを意味していました。これらの問題もその延長にあることがわかるとき、挑戦する意欲がわいてきます。

この七題の問題の意味を調べるところから始めて、解法にまで思いを馳せることは、二十世紀の数学の流れを知ることにつながります。

そして、いつの日にかこれらの問題の核心をつかみ、問題を解く人が現れることを期待しています。

著者紹介
桜井　進（さくらい　すすむ）
1968年、山形県生まれ。東京工業大学理学部数学科卒業、同大学院博士課程中退。東京工業大学世界文明センターフェロー。学生時代から塾講師として教壇に立ち、現在も大手予備校で数学を教える。その傍ら「身近なものや数学者の人間ドラマを通して、数学世界の持つ多様さ、ロマンと感動を多くの子どもたちに伝えたい」と、『sakurAi Science Factory』プロジェクトを立ち上げる。2000年より「サイエンス・ナビゲーター」として映像と音響を駆使したパフォーマンスを全国各地で繰り広げており、その活動はテレビ・新聞などにも取り上げられ、注目を浴びている。著書に『雪月花の数学』（祥伝社）がある。

本書は、2006年９月に海竜社より刊行された作品に加筆・修正を加えたものである。

PHP文庫　感動する！　数学

2009年11月18日　第1版第1刷
2010年8月10日　第1版第8刷

著者　桜井　進
発行者　安藤　卓
発行所　株式会社PHP研究所
東京本部　〒102-8331　千代田区一番町21
文庫出版部　☎03-3239-6259（編集）
普及一部　☎03-3239-6233（販売）
京都本部　〒601-8411　京都市南区西九条北ノ内町11

PHP INTERFACE　http://www.php.co.jp/

制作協力
組版　株式会社PHPエディターズ・グループ

印刷所　共同印刷株式会社
製本所　株式会社大進堂

落丁・乱丁本の場合は弊社制作管理部（☎03-3239-6226）へご連絡下さい。
送料弊社負担にてお取り替えいたします。

ISBN978-4-569-67341-7